Dr. Dietmar Köhler

Tauben – Ernährung und Fütterung

Dr. Dietmar Köhler

Tauben

Ernährung und Fütterung

2. Auflage

Oertel+Spörer

Bildnachweis
Titelbild: Wilhelm Bauer
Innenteilbilder:
Wilhelm Bauer: S. 9, 11, 13, 16, 40, 41, 44, 54, 70, 74, 76, 83, 86, 91, 93, 95, 97, 98, 100 (2), 101, 102, 103, 104, 105, 106, 113, 118, 122, 129, 132, 138
Martin Fuchs: S. 88
Alle anderen Fotos vom Autor

Haftungsausschluss
Die Hinweise in diesem Buch wurden von dem Autor sorgfältig recherchiert und geprüft. Es können jedoch keinerlei Garantien übernommen werden. Eine Haftung des Autors bzw. des Verlags und seiner Beauftragten für Personen-, Sach- und Vermögensschäden ist ausgeschlossen.

Bibliografische Information der Deutschen Nationalbibliothek
Die Deutsche Nationalbibliothek verzeichnet diese Publikation in der Deutschen Nationalbibliografie; detaillierte bibliografische Daten sind im Internet über http://dnb.d-nb.de abrufbar.

Postfach 16 42, 72706 Reutlingen
2. Auflage

Schrift: 9/11 pt Stone Serif
Lektorat: Martin Fuchs
DTP und Repro: raff digital gmbh, Riederich
Druck und Bindung: Oertel+Spörer Druck und Medien-GmbH+Co., Riederich
Printed in Germany
ISBN 978-3-88627-634-9

Inhalt

Einleitung

„Essen und Trinken halten Leib und Seele zusammen." – Es ist dies eine von vielen Weisheiten, die man so unverbindlich daherredet oder sich anhört, ohne viel darüber nachzudenken. Und oft ist es ein Argument, um das eigene, nicht in den Griff zu bekommende Übergewicht zu verharmlosen. Aber dass an diesem Spruch etwas dran ist, wissen wir alle. Und darüber, dass er sich nicht nur auf uns selbst bezieht, sollte sich zumindest der Züchter im Klaren sein. Denn das hat auch mit unserem Taubenhobby zu tun, insofern wir Futter und Wasser richtig einsetzen sollen und müssen.

Bedenkt man freilich, wie viel andauernd und intensiv über die Ernährung der Gattung Mensch geforscht und gefachsimpelt wird, fragt man sich, was daran überhaupt noch zu klären sei. Es ist aber auch gar nicht so einfach festzulegen, was denn nun für wen richtig ist. Möglicherweise ist uns Menschen eines verloren gegangen: die Fähigkeit, nur so viel zu essen, wie der Körper braucht, und nur das, was der Fitness und Gesunderhaltung dienlich ist. Es fehlt uns das Hineinhören in uns selbst. Das haben wir verlernt oder vergessen – vielleicht auch aus Bequemlichkeit und gefördert durch die Unmengen an Werbung und Überflutung mit Nebensächlichkeiten.

Als ich schon einige Seiten für dieses Buch geschrieben hatte, fiel mir eine Arbeit des belgischen Tierernährungsinstituts der Genter Universität in die Hände. Darin stellen die Autoren fest, dass bereits 2500 Jahre vor unserer Zeitrechnung Tauben gezüchtet und für die verschiedensten Zwecke genutzt wurden, dass aber bis heute über ihre Ernährung herzlich wenig bekannt ist. (Dabei ist allerdings gerade in Belgien, einer Hochburg der Brieftaubenzucht, in dieser Hinsicht schon einiges geleistet worden.)

Bei der Haltung und Fütterung von Tieren gibt es teilweise ähnliche Tendenzen und besonders gefährlich für die Tiere ist ihre quasi Vermenschlichung. Es wird alles mit unseren – nicht selten falschen – Maßstäben gemessen und das scheint Schule zu machen und sich durchzusetzen. Tatsächlich aber ist das richtige Füttern eine Handlung mit viel Philosophie – und nur einem kleinen Schuss Scharlatanerie.

Bei den Tauben hat man schon viele Übertreibungen gesehen. Vor allem, wenn es um Wettbewerbe und Preise geht, hebt schnell die Suche nach sogenannten Leistungsverbesserern an und damit der Glaube an allerlei Wundermittel und an Doping. Was dahintersteckt, ist jedoch der fehlende Glaube an sich selbst. Will man beispielsweise bei den Brieftaubenwettbewerben ganz vorn ankommen, muss man Kenntnisse über Genetik, Haltung und Trainingsmethoden haben und eben viel Erfahrung. Es gibt genügend legale Möglichkeiten der Leistungsverbesserung. Mit Hexerei dagegen geht gar nichts.

Taubenidylle mit einer Thüringer Schnippe.

Es ist zwar kein Wunder, dass da vieles angeboten wird, was helfen soll und oftmals nur der Bereicherung des Anpreisenden dient. Man muss sich aber bei der Nutzung der vielen Mittelchen einmal darüber klar werden, dass es keine Mittel pharmazeutischer und sonstiger Herkunft gibt, die ohne Nebenwirkungen sind. Die Tiere im sogenannten Freizeitbereich werden oftmals krank gefüttert. Das sieht man nicht selten auch bei anderen in Menschennähe gehaltenen Haustieren. Das Bild von dem schniefenden Hund mit dem schniefenden Herrchen ist nicht nur Karikatur, sondern oft bitterer Ernst.

In diesem Buch soll nun versucht werden, das von mir über Jahre angesammelte Wissen über eine fachlich fundierte Fütterung konzentriert an den interessierten Taubenzüchter weiterzugeben. Auch sollen ein paar alte Weisheiten daraufhin abgeklopft werden, ob sie noch etwas nützen oder ob der Zahn der Zeit zu stark an ihnen genagt hat. Darüber hinaus werden Hinweise gegeben, wie man die Notwendigkeiten einer ordentlichen Fütterung mit den heutigen Zuchtrichtlinien verbinden kann.

Auf konkreten Fakten basierend, sollen dazu eine Zusammenstellung von Fachliteratur, Wissen anderer Züchter und manche eigene Erfahrung dienen. Die Ernährung der Tauben sollte nicht mehr sozusagen das fünfte Rad am Wagen der Züchtung sein, sondern ein Pfund, mit dem man auch wuchern kann.

Ein wesentliches Ziel ist dabei die Verbindung von leistungs- und typengerechter Taubenfütterung mit einer angemessenen Wirtschaftlichkeit. Tauben werden überwiegend für ästhetische und sportliche Zwecke genutzt: Schönheit, Flugleistungen oder Artistik.

Somit hoffe ich, den Züchtern einige Anregungen zu geben und sachliche sowie fachliche Diskussionen in Gang zu setzen. Vielleicht gelingt es auch, bei dieser Gelegenheit Arbeiten anzugehen, die seit 4500 Jahren etwas zu sehr im Hintergrund standen, wie die belgischen Kollegen mit Recht feststellten.

TAUBEN SIND WEITER VERBREITET, ALS ZUWEILEN ANGENOMMEN

Mehr als 200.000 Taubenzüchter sind im Bund Deutscher Rassegeflügelzüchter (BDRG) organisiert. Über dem Großteil der Taubenzüchter steht der Bund Deutscher Taubenzüchter (VDT) als Dachverband. Gegründet 1948, betreut er auch die Sondervereine, von denen es weit über 100 gibt. Teils dem VDT zugehörig, teils unabhängig gibt es noch einige Spezialclubs, wie den Deutschen Hochflugclub, den Deutschen Flugrollerclub, den Ringschlägerclub oder die Deutsche Flugtipplerunion sowie den Verein für Hochflug- und Rollertaubensport, den Lausitzer Elsterpurzler Club und den Verein für Hochflugtaubenrassen.

Die Liste ist offen, aber sie zeigt deutlich genug, dass die Taubenzucht kein aussterbendes Hobby ist. Für nicht wenige ist es eine angenehme Freizeitbeschäftigung, die zudem dazu beiträgt, die Vielfalt an Rassen und Farbenschlägen zu erhalten. Für diejenigen, die trotzdem die – berechtigte – Frage stellen: „Warum züchtet wer eigentlich Tauben?“, kann ich hier nur meine ganz persönliche Antwort geben, bestehend aus Impressionen, Erinnerungen und zum Teil Namen, die womöglich nur einigen Lesern noch etwas sagen werden.

Als ich in den Ruhestand ging, gab es zwei wichtige Maßnahmen zu ergreifen: die Suche nach der passenden Wohnung und erste Anfragen, wo für mein Hobby Platz sein würde. Bald gab es Aktivitäten zum Umbau eines Stalles zum Taubenschlag. Dann gab es einen guten Nachbarn, der den Transport übernahm: von der Altmark nach Sachsen und zurück. Südlich von Leipzig war eine der ältesten deutschen Zuchten meiner Rasse angesiedelt und den Züchter kannte ich seit vielen Jahren. Diese Rasse ist mir seit fast 60 Jahren ans Herz gewachsen.

In den ersten Jahren als „Jungzüchter“ in Röhrdorf bei Chemnitz hielt ich Sächsische Schwalben, Trommeltauben, Kröpfer und Lockentauben. Die Schwalben holte der Marder, der „nicht wusste“, dass diese Schwalben von der Zucht Ernst Ahnert aus Kändler stammten. Ich begriff es selbst erst ein paar Jahre später. Die Trommeltauben wurden gegen Sächsische Brüster eingetauscht, die anderen bald danach verkauft.

Die starke Säumung des Mantelgefieders bei diesem braunen Sächsischen Brüster geht nach der ersten Mauser verloren.

Den zweiten Anlauf nahm ich in Leipzig: Nach dem vierten Zucht- und Ausstellungsjahr holte ich den Sieger in Schwarz und Bau. Viele der damals von der „Konkurrenz" ausgestellten blauen Brüster waren irgendwie dunkel gefärbt – nicht blau, nicht schwarz und auch nicht schwarz verdünnt. Die blaue Zucht wurde erhalten und die Schwarzen wurden abgegeben. Grundstock für die Zucht war eine farblich hervorragende, aus Schwarzen gezogene Täubin. Die Eltern dieser Täubin stammten von Rudi Schulze aus Bräunsdorf bei Freiberg. Die blaue Zucht wurde erweitert, und das nicht ohne Erfolg. Eingekreuzt zur Farbverbesserung wurde eine Weißschwanztäubin, blau mit weißen Binden, aus Einsiedel bei Chemnitz.

Und nun, fast fünfzig Jahre später, der dritte Neuanfang in der Altmark: Drei Farbenschläge bekam ich von meinem alten Züchterfreund Gottfried Engelmann, einen wollte ich eigentlich nur haben: den schwarzen Farbenschlag. Und so lief das Spiel wieder an und läuft noch immer.

Wenn einen eine Rasse über 50 Jahre aktiv und passiv beschäftigt, gibt es die Frage nach dem Warum einfach nicht mehr. Wer einmal infiziert ist, kommt von dieser „Krankheit" eben nicht mehr weg.

Und wenn ich gefragt werde: Warum hast du denn zweimal aufgehört mit der Taubenzucht und jedes Mal nach ein paar Jahren wieder angefangen?, so kann ich nur sagen: Das sind die Streiche, die einem das Leben spielt. Mal hat es die Arbeit nicht zugelassen und mal waren die Bedürfnisse der Familie wichtiger – denn die hat natürlich immer Vorrang.

Grundlagen der Ernährung

Eine wesentliche Besonderheit der Tauben im Vergleich zu anderen Hausgeflügelarten ist, dass sie Nesthocker sind, die mit der speziell gebildeten Kropfmilch von ihren Eltern in der ersten Lebensphase versorgt werden. Diese Form der Aufzucht von Jungtieren begrenzt in erheblichem Maße die Möglichkeit, die Nachzuchtrate stärker zu steigern. Maximal oder besser „theoretisch" ist es denkbar, von einem Zuchtpaar alle 28 Tage zwei Jungtiere zu haben. Das wären bei 52 Wochen rein rechnerisch 13 Paar oder 26 Stück Jungtiere je Elternpaar und Jahr. Das ist eine ideale Annahme, die zuweilen bei Fleischtaubenrassen für Einzelpaare vorkommen mag. Selbst bei diesen ist so eine Leistung aber keineswegs normal und schon gar nicht bei den zahlreichen Rassen der Haustauben. Mit dieser theoretischen Annahme soll weder einer einseitigen Massenproduktion das Wort geredet werden und auch nicht den Rassen und Typen, die gerade so die einfache Reproduktion schaffen.

Figurita-Mövchen und Römer sind zwei Extreme in der Rassetaubenskala und haben auch verschiedene Ansprüche bezüglich des Futters.

Ohne die Populationsgenetik heranzuziehen, wollen wir den Stand unserer Zucht in bester Kondition und leistungsfähiger genetischer Konstruktionen der Konkurrenz vorstellen. Natürlich darf man nicht vergessen, dass für eine Selektion möglichst viele Nachkommen vorhanden sein sollten, um einen züchterischen Fortschritt zu erreichen. Damit ist es möglich, die Anzahl der Spitzentiere zu erhöhen oder deren Menge und Qualität zu stabilisieren. Wir gehen mit unseren Tieren auf Ausstellungen, wo wir das Beste der „staunenden" Züchterwelt präsentieren wollen. Also: Viele Nachzuchttiere bedeuten, umfangreiche Selektionen vornehmen zu können.

Dieses Buch soll keine Arbeit der reinen Tierernährungslehre sein, sondern die praktische Anleitung für die tägliche Arbeit im Taubenschlag oder für die Planung am Schreibtisch mit oder auch ohne Computer.

Das war bisher wenig zu den Grundlagen der Ernährung. Letztlich ergibt sich daraus die Forderung, mithilfe der Ernährungswissenschaft die Grundlagen für die verschiedenen sportlichen Aktivitäten mit Tauben zu geben und differenziert an die Aufgabe heranzugehen.

Die Ernährung ist nie allein zu betrachten, sondern immer im Zusammenspiel mit den anderen Faktoren, die für eine gelungene Zucht notwendig sind. Die sportlichen Aktivitäten sind Ausstellungen mit der Frage nach den schönsten Tieren, es sind verschiedenste Flugwettbewerbe von der Brieftaube bis zum Hoch- oder Kunstflieger. Dabei wird viel Verbindendes aufgezeigt, aber auch Unterschiede werden herausgearbeitet. Die Lösungswege sind ebenso unterschiedlich angelegt.

Das Verdauungssystem

Zum Fressen ist bei Vögeln der Schnabel das erste Universalorgan. Er übernimmt Aufgaben, die bei Säugetieren mit dem Maul und mehr oder weniger vielen bzw. besonders geformten Zähnen beziehungsweise mit Lippen sowie teils Lefzen und Füßen sowie zuweilen auch Händen vonstatten gehen. Der Schnabel ist bei den einzelnen Taubenrassen unterschiedlich geformt und keilförmig bis konisch gestaltet.

Der Schnabel ist das Universalorgan zum Fressen und kann bei Tauben ganz unterschiedlich ausgebildet sein.

Die Schnabellänge reicht von sehr kurz bis sehr lang. Der Schnabel besteht aus Ober- und Unterschnabel mit entsprechend unterschiedlichen Formungen. Einige Schnabelformen sind aber nicht so, dass man sie als normal bezeichnen kann. Es erscheint sinnvoll, dass bei den Alttieren der Schnabel so gestaltet ist, dass sie sich selbst ihr Futter suchen können und auch die Nachzucht entsprechend füttern und aufziehen können. Ausnahmen und Extremwerte wird es da immer geben. Tauben haben Schnäbel zum Picken und zum Aufnehmen der meist aus Körnern bestehenden Nahrung. Es ist also kein Schnabel zum Töten kleiner Insekten, die der Grundernährung dienen könnten.

Es gibt die unterschiedlichsten Schnabelausformungen: sehr kurze, sehr lange, normale, glatte und warzige. Alle Schnabelformen sind nicht zum Töten von kleinen Insekten und von Würmern ausgebildet. Sie dienen insbesondere aber zur Futterübergabe an den Nachwuchs. Bei Extremausformungen des Schnabels müssen Ammentauben zum Einsatz kommen.

Die Zunge sitzt am Schnabelgrund. Sie ist schmal, spitz und fest. Sie ist wichtig beim Futteraufnehmen und für die Tast- und Geschmacksempfindungen.

Das Futter wird mithilfe des Schnabels aufgenommen. Die Tauben picken die Futterstoffe an, tasten sie ab und geben sie weiter. Im Schnabel- und Rachenraum sind Speicheldrüsen, mit deren Hilfe das Futter gleitfähig gemacht wird. Dieses wird dann mit einer Geschwindigkeit von 1,5 cm je Sekunde durch peristaltische Bewegungen in die am Kopf beginnende Speiseröhre bewegt.

Verdauungsorgane und deren Aufgaben

Nach der Futteraufnahme wird das Futter eingespeichelt. Der Kropf sitzt kurz vor dem Übergang der Speiseröhre in die Brusthöhle. Gleichzeitig ist er eine Art Nahrungsspeicher. Der Kropf ist besonders bei den Kropftauben gut sichtbar, vor allem seine enorme Vergrößerung beim Balzen. Der Kropf ist aber beim Fressen nicht im aufgeblasenen Zustand wirksam.

DIE VERDAUUNGSORGANE

Kropf: Einspeichelung der Nahrung, Zwischenlagerung, Kropfmilchproduktion
Drüsenmagen: Magensaftproduktion
Bauchspeicheldrüse: Verdauungssaft
Muskelmagen: Bearbeitung der Nahrung, insbesondere Zerkleinerung
Leber: Abgabe von Gallensaft, Aufspaltung von Nahrungsbestandteilen
Darm: eigentlicher Verdauungsvorgang
Kloake: Harn-/Kotausscheidung

Im Kropf wirken Enzyme über eine Dauer von einer halben bis maximal einer Stunde. Der Kropf ist gleichzeitig auch Lagerorgan sowie Ort der Kropfmilchproduktion, die mit dem Brutstatus synchron abläuft.

Durch die peristaltischen Bewegungen, die gewissermaßen am Schnabel beginnen, wird das Futter weitertransportiert und kommt in den Muskelmagen. Dort beeinflusst die Festigkeit des Futters die jeweilige Bearbeitungsdauer. Die Verweildauer kann sich über viele Stunden hinziehen. Bei mittelmäßig festen Körnern wie dem Getreide kommt man schon auf einen dreiviertel Tag, also bis zu 18 Stunden. Die Zerkleinerung des Futters wird durch die Peristaltik des Muskelmagens und mithilfe der Gritsteinchen erreicht. Im Muskelmagen erfolgt weitgehend eine Zerkleinerung der Nahrung, aber keine direkte Verdauung. Kurz vor dem Muskelmagen liegt der Drüsenmagen, der genügend Magensaft produzieren muss. Die wesentlichen Verdauungsvorgänge spielen sich im Darm ab. Die Bauchspeicheldrüse ist die wichtigste Verdauungsdrüse.

Die nachstehende Tabelle gibt eine Übersicht zum Verdauungsgeschehen.

Enzyme von Verdauungssäften aus dem Verdauungstrakt der Tauben (nach Vogel, 1980)

Verdauungs-sekrete bzw. abgebende Organe	einwirkende Enzyme	Substrate	Zwischen- bzw. Endprodukte der Enzym-einwirkung
Speichel im Schnabel	Amylase	Stärke	Maltose
Kropf und Inhalt	Laktase	Laktose	Glukose, Galaktose
Drüsenmagen und -saft	Pepsin	Proteine	Proteosen und Peptone
Bauchspeichel-drüse, Verdauungssaft und Substanzen	Amylase, Invertase, Trypsin	Stärke, Saccharose, Proteosen, Peptone und Peptide	Maltose, Einfachzucker, Aminosäuren
Pankreas und -saft	Amylase, Invertase, Trypsin, Erepsin	Stärke, Saccharose, Proteosen, Peptone und Peptide, N-haltige Zwischenprodukte	Maltose, Einfachzucker, Aminosäuren
Galle	Amylase, Lipase	Stärke, Fett	Maltose, Fettsäuren und Glyzerin

Der Darm ist beim Geflügel relativ kurz und hat nur die fünf- bis elffache Körperlänge. Bei Tauben ist das Verhältnis von Darmlänge zu Körperlänge besonders eng.

VERHÄLTNIS KÖRPERLÄNGE ZU DARMLÄNGE BEI NUTZGEFLÜGELARTEN:

Taube	5 : 1	**Ente**	10 : 1
Huhn	8 : 1	**Gans**	11 : 1

Die Gans hat das weiteste Verhältnis zwischen Darmlänge und Körperlänge. Das ist auch zu erwarten, denn Gänse fressen eine rohfaserreiche Nahrung. Im Prinzip kann man sie nach wenigen Wochen weitestgehend von Grünfutter ernähren. Das geht bei Tauben auch mit dem „schönsten" Grünfutter nicht.

Die Mengen an Grünfutter, die Tauben aufnehmen, sind verschwindend klein. Das geht auch eindeutig aus den Literaturergebnissen über das Feldern hervor. Bei Tauben muss also auf relativ kurzer Entfernung vom Freisetzen der aufzunehmenden Stoffe, deren Aufnahme im Darm bis zur Ausscheidung der Exkremente intensiv resorbiert (aufgenommen) werden. Bei durchfallartigen Erkrankungen besteht schnell die Gefahr,

Früher die Regel, heute eher die Ausnahme: die Fütterung der Tauben im Hof bei Freiflug (hier Silberschuppe, Starhals, Starmönche und Fränkische Samtschilder).

dass es zu einer Unterversorgung in beträchtlichem Umfang kommt. Die Folge ist ein schnelles Ende des fraglichen Tieres; untergewichtige und abgemagerte Tauben sind oft nicht zu retten.

Der Darm ist noch in Abschnitte eingeteilt.

Länge und Weite der einzelnen Darmabschnitte bei Haustauben (nach Vogel, 1980)

Darm	Zwölffingerdarm	Leerdarm	Hüftdarm	Blinddärme	Enddarm	Gesamtdarm
Länge (cm)	13–25	45–75	9–15	0,3–0,5	3–5	70–120
Weite (cm)	0,5–0,9	0,5–0,7	0,3–0,5	0,2–0,3	0,2–0,3	0,2–0,9

Der Darm endet an der Kloake. Seine Länge beträgt in Abhängigkeit von Rasse, Futter und Umwelteinflüssen bis zu 120 cm. Seine Oberfläche ist höchst effektiv ausgerichtet und neben der schleimigen Oberfläche mit einem besonders im Zwölffingerdarm ausgeprägten Zylinderepithel ausgestattet. Die Darmwände sind insgesamt mit Epithel ausgekleidet. Sie werden mit arteriellem Blut versorgt. Weiterhin werden Nährstoffe und Sauerstoff abgeführt. Durch eine abführende Vene wird letztlich alles von Verdauungsschlacken und Kohlendioxid entsorgt. Dieses venöse Blut führt auch die Eiweißstoffe und die Kohlenhydrate zur Leber.

Die Bauchspeicheldrüse mündet nach einer Haarnadelschleife des Darmes in denselben. Bauchspeichel und Gallensaft zerlegen sozusagen die zugeführten Nährstoffe mit Unterstützung von Enzymen, wie auf Seite 15 dargestellt. Der Abbau geht bis zu den Bausteinen, also beim Eiweiß bis zu den Aminosäuren.

Der Darm ist sowohl Abbauorgan als auch Aufnahmeorgan für die verschiedensten Stoffe. Gleichzeitig erfolgt auch die Resorption des Wassers und die Sammlung und Ausscheidung der nicht benötigten Stoffe, wie nicht abgebaute Rohfaser und sonstige Stoffe in einer Vielzahl. Da Tauben, wie andere Vögel auch, keine Sammeleinrichtung für den Harn haben, gelangt der Harn direkt über die Kloake aus dem Körper. Die täglich ausgeschiedene Menge liegt je nach Größe und Intensität der Nutzung zwischen 10 und 50 g.

Die Leber hat für ausreichend Gallensaft zu sorgen, um die Speicherung von Kohlenhydraten und Fettsäuren zu realisieren. Im Gegensatz zu anderen Geflügelarten haben Tauben keine Gallenblase zum Sammeln der Galle. Die Gallenstoffe werden direkt von der Leber abgegeben.

Die Bauchspeicheldrüse hat die verschiedensten Aufgaben. Zuerst ist die Produktion von Insulin zu nennen. Damit erfolgt gemeinsam mit dem Gegenspieler Adrenalin die Steuerung des Zuckerstoffwechsels. Durch die Bauchspeicheldrüse wird der Glykogenaufbau gefördert und der Abbau in den Muskeln und dem Herz angeregt. Bei der Aufnahme von Aminosäuren können deutliche Geschwindigkeitsunterschiede festgestellt werden.

REIHENFOLGE UND INTENSITÄT DER AUFNAHMERATE (ANGABEN IN %)

Aminosäure	%
Methionin	90
Isoleucin	87
Valin	86
Leucin	85
Histidin	80
Lysin	80
Serin	79
Threonin	79
Cystin	78
Arginin	75
Glycin	74
Glutaminsäure	62

Während Methionin sehr gut aufgenommen wird, dauert es bei Lysin schon länger und bei Glutaminsäure wird in der fraglichen Prüfperiode eine Aufnahmemenge von 62 % erreicht.

Bei den Kohlenhydraten zeigen sich bei den verschiedenen Zuckern sehr unterschiedliche Aufnahmeraten im Darm der Tauben.

Resorption verschiedener Zucker bei Geflügel in den ersten zwei Wochen in mg/100 g Körpermasse innerhalb von 30 Minuten (nach Jeroch, 1999)

Kohlenhydrat	Lebenstag			
	1.	3.	9.	12.
D-Galaktose	–	–	–	200
D-Glukose	75	190	210	200
D-Xylose	75	–	–	165
D Fruktose	–	–	–	125
D-Mannose	75	–	–	80
D-Sorbose	50	50	50	–

Ähnliche Beobachtungen gibt es bei der Aufnahme von Fettsäuren im Verdauungstrakt.

Besonderheiten des Verdauungstraktes im Vergleich mit Säugetieren (Zusammenfassung nach Jeroch, 1999)

Merkmal	Funktion bzw. Konsequenz
Ersatz der Lippen der Säuger durch den Schnabel, Fehlen der Backen bzw. Backenmuskeln, Fehlen der Zähne	Aufnahme des Futters, nur grobe und ungenügende Zerkleinerung des Futters, Abschlucken des Futters
Ausbildung mehrerer Kropfsäcke	Einweichen der Nahrung, Speicherung bzw. Regulation der Magenfüllung
Zwei aufeinanderfolgende Mägen: Drüsenmagen, Muskelmagen	Beginn der enzymatischen Eiweiß-verdauung, Zerkleinern der Nahrung durch intensive Magenmuskelkontrak-tion, reibende Wirkung der Magen-steinchen.
Ausbildung von Blinddärmen, bei Tauben stark zurückgebildet	Beginn der enzymatischen Eiweiß-verdauung, Zerkleinern der Nahrung durch intensive Magenmuskelkontrak-tion, reibende Wirkung der Magen-steinchen.
Kloake, bestehend aus Kotraum, Harnraum, Endraum	Harn-Kot-Behälter, Passage von Geschlechtsprodukten: Eier und Sperma

Nährstoffe

Um vergleichen zu können, muss man einheitliche Maße und Messmethoden haben. Die Ernährungswissenschaft nutzt dazu einheitliche Größen und Methoden bei ihren Messungen, wobei es auch mal neue Maßeinheiten gibt, wie der Wechsel von Kalorie zu Joule.

Mithilfe der Weender-Futteranalyse ist es möglich, die Futterstoffbestandteile in folgende Hauptnährstoffgruppen einzuteilen:

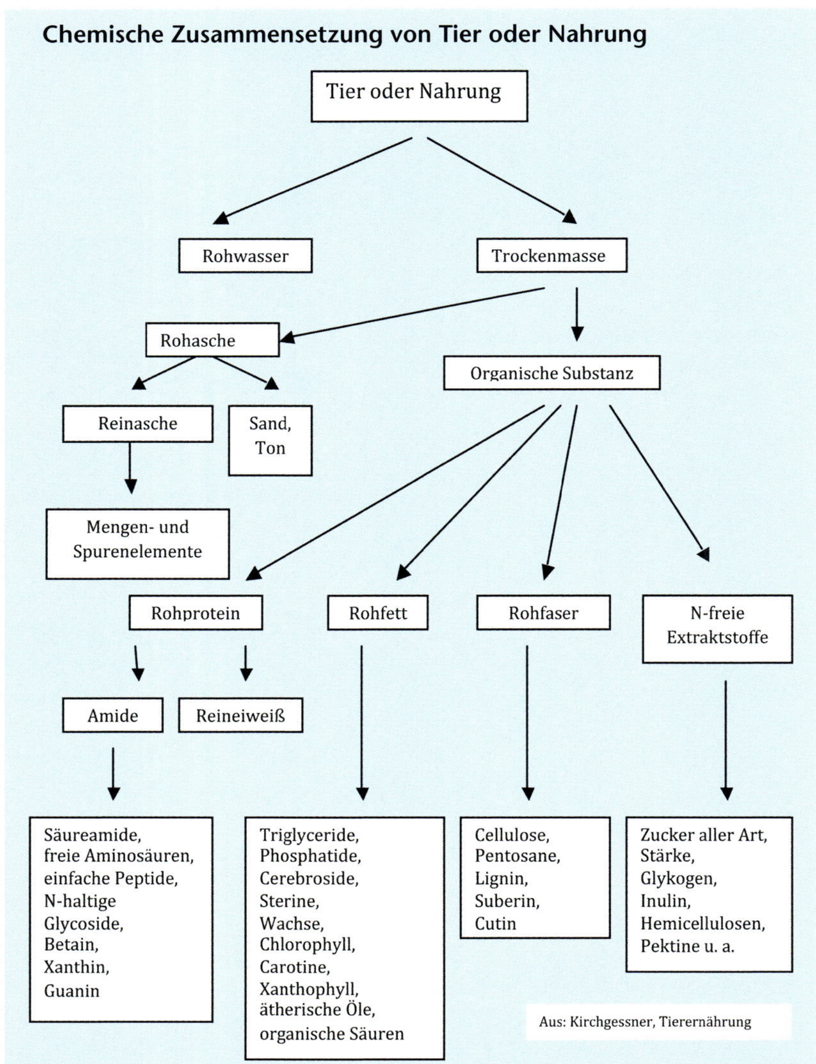

Das genaue Erfassen und die Berechnung der Werte für die einzelnen Futterstoffe ist eine Seite der Betrachtung. Konkret wird es erst, wenn es darum geht, die einzelnen Anteile der Komponenten festzulegen.

Die in der Übersicht genannten Merkmale und Begriffe sind in ihrer Anwendung das Handwerkszeug des Tierhalters und des Tierzüchters und täglich in Nutzung.

Bei der Einschätzung eines Futtermittels oder bei der Suche nach dem geeigneten Futtermittel sind Begriffe wie Eiweißgehalt, Rohfettgehalt, Rohfaseranteil wichtig und bei einer Reihe von Futtermitteln spielt auch der Wassergehalt oder die Höhe des Trockensubstanzgehaltes eine Rolle, um ein Futtermittel quasi zu charakterisieren.

In der Regel ist es für den Taubenzüchter nicht üblich, die Weender-Futteranalyse selbst durchzuführen. Bestenfalls gibt er seine Futtermittel zur Untersuchung an eine Landesuntersuchungs- und Forschungsanstalt oder ein privates Untersuchungsinstitut. Das ist zwar ohne Weiteres möglich, aber zweifelsfrei recht teuer und man muss abwägen, was es bringen könnte. Anders ist das bei Betrieben mit eigener Produktentwicklung. Dieser Aufwand ist für die Entwicklung neuer Futtermittel bedingt notwendig.

Meist spricht man bei der Ernährung von Eiweiß, Fetten und Kohlenhydraten, eventuell noch von Vitaminen. Vergessen wird aber oft die Rohfaser, die letztlich für die notwendigen Ballaststoffe „zuständig“ ist. Gleichzeitig verfügen aber die Tauben, wie andere Geflügelspezies, über die Fähigkeit, die Rohfaser aufzuschließen und für die Ernährung nutzbar zu machen. Das erfolgt mit dem Blinddarm und einer den Anforderungen entsprechenden Darmflora. Allerdings ist die Tätigkeit des Blinddarmes bei Tauben äußerst gering.

Aussagekraft von Futterwerttabellen

Es ist meist so, dass für die einzelnen Komponenten in Futterwerttabellen die Inhaltsstoffe enthalten sind. Diese sind aus Mittelwerten einer Vielzahl von Untersuchungen zusammengestellt. Für den normalen Bedarf reichen diese Tabellenwerte und garantieren relativ sichere Ergebnisse.

Eiweiß

Eiweiß und Amide sind stickstoffhaltige Bestandteile des Rohproteins oder Roheiweißes. Zieht man vom Gesamtrohprotein den Anteil ab, der im Kot ausgeschieden wird, hat man den Anteil des verdaulichen Proteins. Meist wird mit dem Rohproteinanteil gerechnet. Der Stickstoffanteil beträgt im Mittel 16 %. Das ist ein guter Messwert, wenn es um die Feststellung von Anteil und Menge an Rohprotein im Futter geht. Die Messung des Stickstoffgehaltes ist einfacher als die Berechnung über das Eiweiß. Die Stickstoffmenge wird mit 6,25 multipliziert und damit steht der Wert für Rohprotein zur Verfügung.

Eiweiße werden als wichtigste Bausteine des Körpers angesehen. Andererseits sind die Eiweiße wiederum aus Aminosäuren zusammengesetzt. Etwa 20 verschiedene Aminosäuren, die am Eiweißaufbau bei Tier und Pflanze beteiligt sind, wurden in der Fachliteratur beschrieben.

Die Aminosäuren kann man in drei Gruppen teilen. Dabei spielt der Grad ihrer Ersetzbarkeit eine wesentliche Rolle. Besonders unentbehrliche oder essenzielle Aminosäuren bilden die stärkste Gruppe. Weiter gibt es halb essenzielle und letztlich nicht essenzielle Aminosäuren.

Im Magen-Darm-Kanal werden die Eiweißkörper gespalten und in die Aminosäuren zerlegt. Aus diesen werden dann wieder spezifische Eiweißkörper aufgebaut, wie die für Fleisch und Eier. Und das erfolgt tierartspezifisch. Darum haben Eier von den verschiedenen Geflügelarten ihren typischen Geschmack ebenso wie das Fleisch von Geflügelarten. Darum schmeckt eben Taubenfleisch anders als Hähnchenfleisch.

Der Anteil der essenziellen Aminosäuren beeinflusst die Qualität eines Futterstoffes. Bekannt ist beim Geflügel, dass Lysin und Methionin essenziell sind und direkt den Futtermitteln zugemischt werden. Das geht nach dem klassischen Prinzip der Futtermischung von Schrotfutter und einer möglichen nachfolgenden Pelletierung am günstigsten. Will man bei Körnerfütterung, die bei Tauben üblich ist, etwas in Mehlform zugeben, muss man das fragliche Futter beispielsweise pelletieren oder man gibt es so, wie es ist, zu. Das geht aber nicht bei allen Rassen. Bei Strukturtauben kann das Probleme bereiten, wenn es zur Verschmutzung der Federn kommt. Neben der Gabe in Pelletform kann es auch den Mineralstoffen beigemischt werden, wie man das beim Taubenstein für Mineralstoffe praktiziert.

Die wichtigsten Aminosäuren (nach Jeroch und Mitarbeiter, 1999)

Aminosäuren		
essenzielle	**halbessenzielle**	**nichtessenzielle**
Histidin	Arginin	Alanin
Isoleucin	Tyrosin	Asparaginsäure
Leucin	Cystin	Asparagin
Lysin		Glutaminsäure
Methionin		Glutamin
Phenylalanin		Glycin
Threonin		Prolin
Tryptophan		Hydroxyprolin
Valin		Serin

In sozusagen „hochkonzentrierter“ Weise kommen die Aminosäuren in verschieden großen Strukturen vor. Dazu zählen die eigentlichen Proteine wie Albumine, Globuline, Gluteline, Gliodine, Histone und Protamine.

Die fibrillären Eiweißkörper, die auch als Gerüsteiweiß bezeichnet werden, sind unter anderem Keratine, Kollagene und Elastine. Diese bestehen entweder nur aus Eiweiß oder es sind andere Elemente oder Gruppen eingebaut, die keine Eiweiße sind. Hier ist das Kalzium zu nennen, das beispielsweise in Kasein eingebaut ist. Die Eiweißmoleküle sind oft sehr langkettig und umfangreich.

EIWEISSSTOFFE

Die verschiedensten Eiweißstoffe haben vielfältige Funktionen. Das beginnt bei der Gestaltung der Zellen im Körper und setzt sich fort in Form von Enzymen, Hormonen, Vitaminen, Antikörpern und zahlreichen weiteren Funktionen. Ohne Eiweiß geht nichts und es ist deshalb wohl der wichtigste Grundnährstoff für alle Lebewesen. Folglich ist auch der Mangel an Eiweiß am schwerwiegendsten in seinen Auswirkungen und am wenigsten zu „reparieren“.

Durch die Aminosäuren gibt es die Möglichkeit, eine Vielzahl von Kombinationen zwischen diesen und weiteren Elementen und Stoffgruppen im Körper ablaufen zu lassen. Gleichermaßen wichtig ist die Rolle als Speicher im Gehirn.

An die Eiweißversorgung werden also hohe Anforderungen gestellt, die bei der späteren Zusammenstellung der Futterrationen beachtet werden müssen. Die Anforderungen bei Pflanzenfressern sind möglicherweise einfacher zu erfüllen. Pflanzenfresser decken ihren Bedarf an essenziellen Aminosäuren weitestgehend aus dem Futter. Tauben fressen eigentlich nur ganz am Rande mal tierisches Eiweiß. Bei Untersuchungen mit annähernd 250 Tauben, deren Kropfinhalt untersucht wurde, fand man keinerlei tierisches Eiweiß, also kein Insekt und keinen Regenwurm! So streng wird das von manchem Züchter nicht gesehen und man vermutet, hier ohne Grund, „Hintertüren“ für die Aufnahme tierischen Eiweißes.

Bei der Fütterung von Hülsenfrüchten kann es in der Umsetzung zu Problemen kommen, wenn die Tauben zu viel davon aufgenommen haben. Bei höheren Anteilen von Raps und Soja ist eine Alleinfütterung dieser Futtermittel nicht angebracht. Es gibt Hemmungsfaktoren, die bei einigen Futterstoffen den Nahrungseiweißabbau deutlich bremsen. Schon lange werden daher beispielsweise Soja und andere Ölpflanzen besonders behandelt. Wenn bei normalen Ölpflanzen wie Sojabohnen, Raps oder Erdnüssen der Ölgehalt 5 bis 12 % beträgt, ist bei extrahiertem Material nur noch ein Ölgehalt von maximal 1 % festzustellen. Bei der Ölextraktion steigt logischerweise der Proteingehalt anteilig in der Grundsubstanz.

Die behandelten Sojabohnen und der Raps ergeben nach einer Hitzebehandlung Extraktionsschrote. Bei dieser Behandlung werden auch

Fette entfernt. Dadurch steigt der Eiweißgehalt und macht die Sojabohne zum wichtigsten Eiweißträger pflanzlicher Herkunft. Natürlich sind solche Komponenten nur in Pellets einzusetzen.

Andere Futtermittel, wie Mais, sind dagegen relativ eiweißarm. Der Bedarf an Eiweiß ist dem Status und den physiologischen Gegebenheiten und Erfordernissen angepasst. Es ist logisch, dass wachsende Jungtiere in den frühen Phasen mehr Eiweiß aufnehmen als Tauben in der Zuchtruhe. Das ist auch eine Frage der Eiweißqualität und der Ersetzbarkeit durch andere Eiweiße.

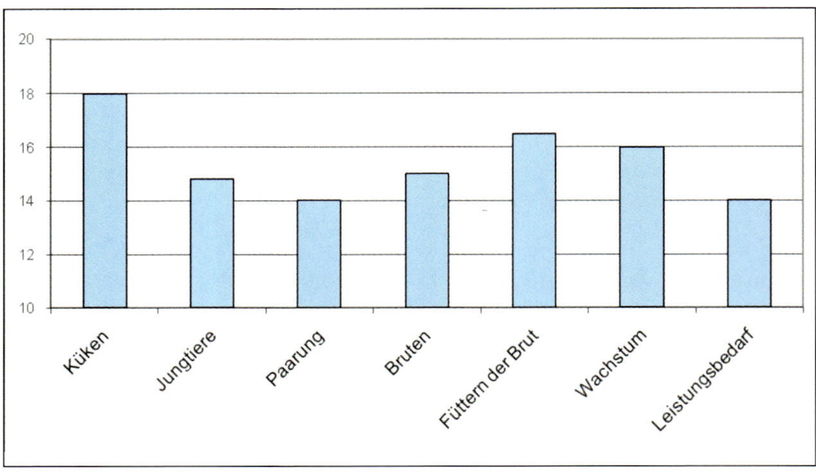

Relativer Eiweißbedarf der Tauben (nach Vogel, 1980)

Der Tierhalter kann nach seinen Wünschen die Anteile der Komponenten entsprechend zusammenstellen und eine spezielle Mischung herstellen. Das kann auch bei der notwendigen Veränderung eines Fertigfutters sein. Zu denken ist zum Beispiel an eine Erhöhung des Eiweißanteils, wenn der Bedarf höher ist als bei Küken, oder eine Verringerung des Eiweißgehaltes, wenn das fragliche Futter an ältere Tiere mit einem geringeren Bedarf an Eiweiß verfüttert werden soll.

Die Anforderungen an Menge und Qualität des Eiweißes wechseln mit den Lebensumständen. In einem Taubenschlag ist in der Hauptsaison alles vertreten: Jungtiere, die gerade geschlüpft sind; ältere Jungtiere; Täubinnen, die legen oder gelegt haben; Täuber, die auf Partnersuche sind bzw. die ihre Täubin zum Nest treiben sowie Tauben, die ihre Jungtiere intensiv füttern müssen. Hierfür müssten die verschiedensten Futtermischungen zur Auswahl stehen.

Eigentlich ist es nicht ausreichend, ein Futter anzubieten, das für alle Möglichkeiten zutrifft. Parallel mit dem Bedarf an Eiweiß geht auch die Qualität ihren Weg. Der Bedarf an Aminosäuren wechselt ebenso. Lysin und Methionin, als wichtigste essenzielle Aminosäuren, sind in ihrem Verbrauch ein Gradmesser für die Intensität der Futteraufnahme und Futterverwertung.

Fett

Fett ist wichtig für den Wärmehaushalt des Körpers. Nicht nur umgesetztes Fett ist notwendig, sondern auch die Reserven, die gleichzeitig Energiespender, Isolationsschutz vor der Umwelttemperatur und außerdem noch Polster sind. Weder eine Verfettung ist anzustreben noch eine magere Konstitution, die unter anderem eine höhere Umgebungstemperatur erfordern würde.

Fetthaltige Futtermittel sind in der Regel sehr kompakt, befriedigen den Sättigungswunsch und haben auf die verschiedensten Lebensfunktionen wie Wachstum und Fortpflanzung einen wichtigen Einfluss.

Fette liefern doppelt so viel Energie wie Kohlenhydrate. Das zeigt ihre spezielle Bedeutung nochmals deutlich. Bei der Rohnährstoffanalyse werden alle Stoffe, die in organischen Säuren löslich sind, zum Rohfett, auch Lipide genannt, gerechnet.

Das Fettdepot wird bei Zuchttauben regelmäßig in Anspruch genommen, denn die sogenannte Kropfmilch zur Ernährung der Küken in den ersten Tagen ist sehr fettreich.
Eine allzu magere Konstitution führt gleichermaßen zu Problemen, weil die Fettsäuren bei Mangel derselben auch nicht ausreichend fettlösliche Vitamine deponieren können.

Die essenziellen Fettsäuren (das sind die mehrfach ungesättigten Fettsäuren) sind in der Regel weniger stabil als die gesättigten Fettsäuren. Diese leicht oxidierbaren, essenziellen Fettsäuren bilden Peroxide, die eine Ursache für das Ranzigwerden sind.

Die essenziellen Fettsäuren müssen den Tieren zugeführt werden; dies geschieht über das Futter. Essenzielle Fettsäuren sind Linolsäure, Linolensäure und Arachitonsäure. Die Linolsäure kann beim Geflügel die anderen essenziellen Fettsäuren ersetzen.

Ein gewisser Prozentsatz an Fett muss im Körper vorhanden sein. Das gilt auch bei Beachtung der Tatsache, dass Kohlenhydrate gewissermaßen alle Fette ersetzen können. Fette haben die Fähigkeit, sehr kompakt gespeichert zu werden. Typisch für ölhaltiges Futter ist ihr geringer Volumenanteil im Vergleich zu Kohlenhydraten. Ihr Sättigungswert ist beachtlich und ihnen kommt besonders in der Aufzucht sowie beim Wachstum und in der Mauser eine wichtige Rolle zu.

Kohlenhydrate

Aus der Sicht des Umfanges an Futter spielen die Kohlenhydrate die wichtigste Rolle. Sie machen den Großteil der Futterstoffe aus. Gleichzeitig sind die Kohlenhydrate für den Organismus die wichtigste Energiequelle.

Die Zahl der C-Atome kann sehr unterschiedlich sein, wobei aber die Hexosen mit 6 C-Atomen die wichtigsten sind, ähnlich sind die Pentosen mit 5 C-Atomen mengenmäßig am häufigsten vertreten.

Die Hexosen und die Pentosen kommen einzeln (Monosaccharide), zu zweit (Disaccharide) oder vielfach (Polysaccharide) vor.

Übersicht über die wichtigsten Kohlenhydrate

Monosaccharide		Oligosaccharide		Polysaccharide
		Disaccharide	**Trisaccharide**	
Pentose	Hexose	Saccharose	Raffinose	Stärke
Xylose	Glukose	Laktose		Inulin
Ribose	Galaktose	Maltose		Glykogen
Desoxyribose	Mannose	Zellobiose		Zellulose
Arabinose	Fruktose			Hemizellulose
				Pentosane
				Hexane
				Pektine

Als pflanzliches Reservekohlenhydrat fungiert die Stärke, die über Traubenzucker (Glukose) aufgebaut wird. Im Stoffwechsel wird die Stärke in Glukose umgewandelt und es erfolgt auf dieser Stufe die Aufnahme vom Blut und die Weitergabe an die Leber. In diesem Organ erfolgt die Umwandlung in Glykogen, die tierische Stärke.

Kohlenhydrate sind bei Pflanzen häufiger als bei Tieren. Zellulose ist dabei der wichtigste Struktur gebende Stoff. Die Stärke ist weiterhin der am meisten gespeicherte Stoff.

Energiegehalt des Futters

Die Kosten, die beim Kleintierhalter in seiner Taubenhaltung entstehen, resultieren im Großen und Ganzen aus den Futterkosten. Durch eine höhere Anzahl an Jungtieren je Zuchtpaar gäbe es sicher auch Möglichkeiten, die Kosten zu senken, aber die biologische Grenze ist sehr schnell erreicht. Somit bleibt alles an den Futterkosten hängen und damit muss man effektiv umgehen.

Nicht umsonst werden in den Futtertabellen Werte für Energiegehalte der Futterstoffe mitgeteilt. Das ist nötig für den Einsatz des jeweils richtigen Futters.

Der Verbrauch an Energie lässt sich an verschiedenen Punkten festmachen. Energiebedarf entsteht durch die Verdauung und schlägt sich im Bedarf für die Kotproduktion nieder. Dazu kommt Energie zum Harnausscheiden und Wärmeenergie, die der verdaulichen bzw. der umsetzbaren Energie entstammen. Es bleibt die Nettoenergie, die es erlaubt, Eiweiß und Fett aufzubauen und zu nutzen.

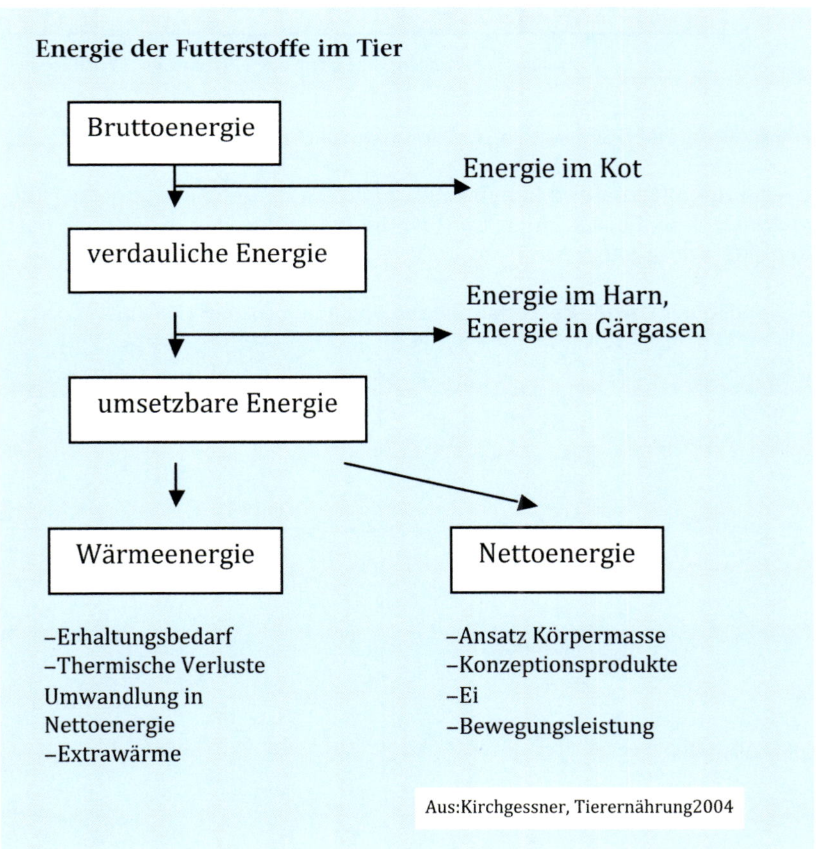

Nun muss man aber wissen, dass man den Energiegehalt der Futtermittel selbst bestimmen kann oder muss. Man ist dabei auf vorhandene Tafelwerte angewiesen und da gibt es ausreichend Untersuchungen beim sonstigen Wirtschaftsgeflügel. Bescheidene Anfänge existieren auch für Tauben. Meist muss man aber auf allgemeine Werte für Geflügel zurückgreifen. Ältere Untersuchungen nutzen den Gesamtnährstoff, der aus der Gesamtheit aller verdaulichen Nährstoffe besteht. Dabei wurde der Fettanteil bei Geflügel und Schweinen mit 2,3 multipliziert.

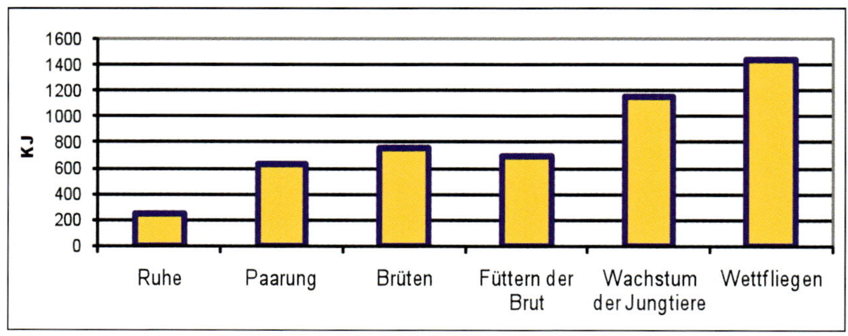

Energiebedarf der Tauben je Tag bei unterschiedlicher Belastung

Bei der allgemein üblichen Energiebewertung geht man von der umsetzbaren Energie aus. Interessant ist die Einteilung der Futterstoffe nach dem Wert der Energie.

Bewertung der Energie bei Futterpflanzen und Angaben zum Eiweißgehalt

Eiweißgehalt	umsetzbare Energie	%	MJ/kg TM
sehr energiereich	Pflanzenöle	–	37,0
	Öle tierischer Herkunft	–	35,0
energiereich	Haferkerne	12,1	15,2
	Futterzucker	2,3	14,9
	Mais	9,4	14,1
	Milokorn	10,0	13,8
	Weizen	10,6	12,4
mittlerer Energiegehalt	Roggen	8,7	12,0
	Gerste	11,0	11,0
	Hafer	11,4	10,7
energiearm	Erbsen	22,7	8,6
	Süßlupine	32,3	8,1
	Weizenkleie	13,4	7,7

Die Verhältnisse des Energiegehaltes für einige Futterstoffe sind nachfolgend gezeigt. Dabei ist Mais mit 100 % angesetzt. Eindrucksvoll werden die Relationen zueinander dargestellt und es zeigt auch den noch geringeren Energiewert von Mais, Weizen, Gerste und Kleie.

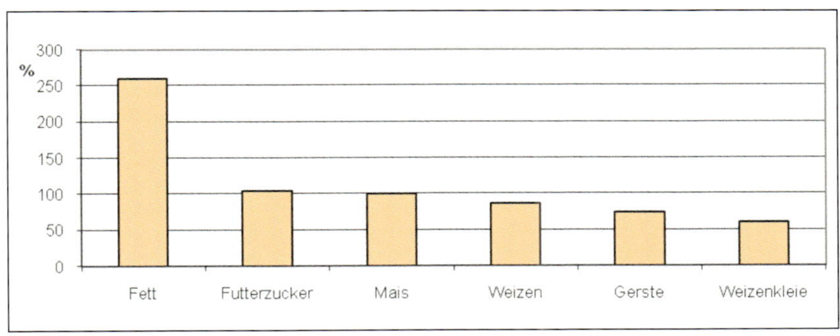

Relativer Energiegehalt von Futterenergieträgern

Futterzucker ist in seinem Energiegehalt kaum höher als Mais. Die Einteilung nach dem Energiegehalt des Futters sagt nichts über den Eiweißgehalt aus.

Wasser

Der Körper besteht bekanntermaßen zu einem Großteil aus Wasser. Alle löslichen Stoffe werden im Körper von Wasser gelöst und bei Bedarf transportiert.

Wasser ist, genau genommen, das wichtigste Element bei der Versorgung aller Organe im Körper. Ein möglicher Wassermangel führt schneller zum Tod der Lebewesen als Futtermangel. Am empfindlichsten sind dabei die Jungtiere, die als Folge einer Wasserunterversorgung schnell eingehen können. Die Anfälligkeit gegenüber einem Wassermangel nimmt mit zunehmendem Alter ab.

Als Beispiel für das Geflügel sei das Huhn genannt. Der Wasseranteil macht beim Küken 80 % aus. Demgegenüber hat die Legehenne einen Wassergehalt von 60 %. Das wird klar, wenn man beachtet, dass die Federn einen nicht geringen Anteil ausmachen und einen hohen Trockensubstanzgehalt haben.

Die Absonderung von Flüssigkeiten erfolgt beim Geflügel durch die Ausscheidung mit dem Kot über die Kloake.

Diese Coburger Lerche ist durstig und hat endlich eine Wasserstelle entdeckt.

Rohfasergehalt

Taubenfutter ist, bedingt durch den relativ kurzen Darm, mit rohfaserarmem Futter zu versorgen. Rohfaserreiche Futtermittel sind etwas für Wiederkäuer wie Rinder, Ziegen oder Schafe und Tierarten mit funktionierenden Blinddärmen. Genannt sollen sein: Pferde oder Esel und ebenso die Lamas. Natürlich gibt es unter den Getreidearten solche mit wenigen Spelzen und spelzenreichere Arten. Typisch ist da die Gerste zu nennen, bei der die Sommergerste weniger und kleinere Spelzen hat, die auch leichter zu entfernen sind. Wintergerste ist dagegen stark spelzig.

Mineralstoffe

Mit den Mineralstoffen im Körnerfutter wird ein wesentlicher Bedarf an diesen anorganischen Stoffen abgesichert. Das ist aber nicht in jedem Fall ausreichend. Weitere Mineralstoffe und in Spuren vorkommende Mineralien, die Spurenelemente, müssen beachtet werden, wobei weder ein Überangebot das Ziel sein darf und schon gar keine Vernachlässigung der notwendigen Mineralien, also eine Unter- oder gar Mangelversorgung.

Eine wichtige Funktion besteht auch darin, dass sich die Tauben damit beschäftigen, Magenkörnchen aufzunehmen, die der Nahrungszerkleinerung dienen und damit die Verdauung fördern.

Die Mineralstoffe werden in %, in mg/kg oder ppm angegeben. Eine Klassifizierung erfolgt, wie bereits angedeutet, nach ihrem notwendigen Anteil in Mengenelemente und in Spurenelemente.

MENGENELEMENTE

Kalzium .... Ca
Phosphor .... P
Magnesium .... Mg
Natrium .... Na
Kalium .... K
Chlor Cl
Schwefel .... S

Funktionen der Mengenelemente (nach Jeroch, 1999)

- mengenmäßig hauptsächlich Baustoffe
- Aktivatoren bzw. Inhibitoren von Stoffwechselprozessen
- Träger biochemischer Reaktionen
- Regulation des Elektrolyt- und Wasserhaushaltes
- Bestandteile der Puffersysteme

Im Blut und im Tierkörper sind die Mengenelemente in nachstehenden Anteilen vertreten.

Mengenelemente und ihr Gehalt im Tierkörper und im Blutplasma (nach Jeroch, 1999)

	Mittlerer Gehalt im Gesamtkörper (g/100 g fettfreie Substanz)	Blutplasma (mg/100 ml)
Kalzium (Ca)	1–2	9–12
Phosphor (P)	0,7–1	4–9
Magnesium (Mg)	0,04–0,05	2–3
Natrium (Na)	0,1–0,15	330
Kalium (K)	0,2–0,3	20
Chlor (Cl)	0,1–0,15	370
Schwefel (S)	0,15	–

Kalzium (Ca)

Es scheint, dass Kalzium fast völlig im Knochenbau eingesetzt ist, denn die Eischale besteht weitestgehend aus Kalziumkarbonat ($CaCO_3$). Bei Hühnern ist natürlich der Bedarf höher als bei Tauben, die im Monat im Prinzip zwei Eier legen. Aber auch bei der Blutbildung ist Kalzium notwendig, denn es ist bei der Umwandlung von Prothrombin in Thrombin nötig.

Maßgeblich ist Kalzium für die Erregbarkeit der Nerven und die Realisierung der Muskelkontraktionen nötig. Es treten also bei einem Mangel ernsthafte Wachstumsdepressionen auf. Ebenso ist die Eiproduktion gestört, vor allem hinsichtlich der Brutqualität. Ein Mangel an Kalzium macht sich bereits in geringem Grad bemerkbar, weil andere Probleme gefördert werden, wie beispielsweise das Grätschen der Beine bei nestjungen Tieren.

Kalziummangel zeigt sich bei wachsenden und erwachsenen Tieren in Form von Osteoporose und beim wachsenden Tier in Rachitis.

Wie bei den meisten Futterbestandteilen sind auch bei Kalzium Überdosen nachteilig, denn sowohl das Wachstum als auch die Legeleistung werden behindert.

Mineralstoffgehalt einiger Futtermittel (in %)* sortiert nach Kalziumgehalt

	Ca	P	Ca : P	Mg	K	Na
Mais	0,03	0,03	1 : 1	0,15	1,31	0,01
Milokorn	0,04	0,28	0,14 : 1	0,18	0,32	0,01
Roggen	0,08	0,28	0,29 : 1	0,11	0,48	0,02
Hafer	0,11	0,33	0,33 : 1	0,16	0,39	0,02
Ackerbohnen	0,13	0,43	0,30 : 1	0,15	1,13	0,03
Weizen	0,13	0,33	0,39 : 1	0,13	0,44	0,01
Erbsen	0,14	0,42	0,33 : 1	0,15	1,05	1,06
Sojaextraktionsschrot	0,27	0,68	0,40 : 1	0,26	1,94	0,01
Gerste	2,52	2,60	0,97 : 1	0,12	0,48	0,02
Legehennenfutter	3,60	0,45	8 : 1	*	*	0,15

* Für Tauben besteht bei Konzentratfütterung (Pellets) kaum ein Mangel.

Der Bedarf an Kalzium liegt für Geflügel bei 5 bis 30 g je kg Futtertrockenmasse.

Bei Tauben ist vor allem die ausreichende Versorgung während der Brut- und der Jungtierperiode von Bedeutung, weil nicht nur die Zuchttaube ihren Eigenbedarf decken muss, sondern auch noch den Bedarf der zu versorgenden Küken. In Abhängigkeit vom Brutstatus ist bei Tauben mit Bedarfswerten für Kalzium zwischen 10 bis 15 g je kg Futtertrockenmasse zu rechnen. Das Verhältnis von Kalzium zu Phosphor sollte etwa 3 : 1 sein.

Bei den meisten Körnerfrüchten besteht ein äußerst ungünstiges Verhältnis von Ca : P. Das bedeutet, dass der Kalziummangel ausgeglichen werden muss. Dazu gibt es Fertigmischungen an Mineralfutter, das extra verabreicht werden muss. Von den natürlichen Kalziumverbindungen sind nicht alle brauchbar. Kalziumkarbonat gehört zu den günstigen Ca-Lieferern.

Wechselwirkungen zu Medikamenten sind zu beachten, denn Tetrazykline werden bei Kalziumzugaben schnell wirkungslos. Taubensteine, wenn sie ausreichend Kalzium enthalten, helfen schon recht gut, eine Unausgewogenheit auszugleichen. Ebenso ist eine Bereitstellung von Legehennenfutter bzw. anderer Geflügelmischfutter für diesen Zweck geeignet. Kalzium und Phosphor machen 90 % der gesamten Mineralien im Tierkörper aus und der Taubenkörper besteht aus 5 % Mineralien. Dieses Niveau ist zu halten, denn Mangelerscheinungen haben, wie schon darauf hingewiesen, meist erhebliche Folgen. Gemeinsam mit Phosphor ist es der wichtigste Baustein für Knochen und Zähne (die es bei Tauben allerdings nicht gibt).

Phosphor (P)

Phosphor ist, wie eben benannt, mit Kalzium für den Knochenaufbau nötig. Das betrifft 80 % des Phosphors im tierischen Körper. Der restliche Anteil ist im Eiweißstoffwechsel eingebunden. Ebenso ist es in der Steuerung des pH-Werts durch die Regelung des Säure-Basen-Gleichgewichts nötig. Wechselwirkungen bestehen zum Vitamin D. Zum einen wird der Phosphorspiegel vom Parathormon und vom Vitamin D beeinflusst und zum anderen fördert Vitamin D die Phosphorresorption.

Phosphor ist wichtiger Baustein der Nukleinsäuren. Ebenso ist dieses spezielle Mineral für die Enzymproduktion und die Energiespeicherung im Körper von Bedeutung.

In unseren Böden ist normalerweise nicht genügend Phosphor vorhanden. Eine Zugabe ist also grundsätzlich nötig. Die Futtermittel, deren Samen zur Ernährung der Tiere aufgenommen werden, sind phosphorreicher. Die Quelle des Phosphors beeinflusst die Aufnahme im Tierkörper. Der Anteil an Phosphor im Futter beträgt etwa 6 bis 8 g je kg Futtertrockenmasse. Die Überversorgung ist nur möglich, wenn die Mineralien an das Grundfutter gebunden sind, wie etwa bei der Pelletfütterung.

Bei Mangel an Phosphor kommt es ebenso wie bei Kalzium-Mangel zu Osteomalazie und Rachitis. Hühner haben deutlich höhere Phosphor-Werte im Blut als Haussäugetiere. Dabei ist besonders der hohe Wert von Phosphor im Zellkern hervorzuheben. In einigen Futterstoffen gibt es neben löslichem Phosphor einen Phytinphosphor, der Kalzium bindet. Sehr groß ist die Gefahr der P-Überdosierung im Futter. Sowohl Wachstumsdepressionen als auch Versteifung der Gelenke können als Folge entstehen.

Magnesium (Mg)

Magnesium ist ein weiterer Bestandteil des Körpers und sehr wichtig beim Knochenaufbau. Das betrifft etwa 60 % des Magnesiums. Speziell Enzyme werden durch Magnesium wirksam. Magnesium ist ebenso Aktivator der Phosphorenzyme wie Kinasen und alkalische Phosphatasen.

Magnesium hat einen engen Kontakt zu Kalium. Es ist für den Knochenaufbau nötig sowie als Enzymaktivator wichtig. Im Säure-Basen-Gleichgewicht der Zellen und der Körperflüssigkeiten sowie in der Stabilisierung des osmotischen Druckes sind Kalium, Natrium und Chlor von eminenter Bedeutung. Bei Natrium wird bereits sichtbar, dass es sich um kleinste Mengen handelt, oft mit einem Anteil von unter einem hundertstel Prozent.

Für die Tierhaltung gibt es einige Quellen, die nutzbar sind:

- kohlensaurer Futterkalk mit 38 % Kalzium aus Kalkstein, Kreide und Muscheln
- Dikalziumphosphat mit 20 % Phosphor und 30 % Kalzium
- Knochenfuttermehl mit 15 % Phosphor und 30 % Kalzium
- Magnesiumoxid mit 50 % Magnesium
- Kochsalz mit 40 % Natrium (auch jodiertes Kochsalz geeignet)

Spurenelemente

Zu den Spurenelementen zählen Elemente, die in der Natur nur in kleinen bis kleinsten Mengen, also „Spuren“ vorkommen. Diese kleinsten Mengen, die im Körper vorkommen, liegen unterhalb des Wertes 0,005 %.

Wesentliche Spurenelemente

Bezeichnung		Diverse Aufgaben
Eisen	**Fe**	enzymatisch wirksam, Sauerstofftransport
Kupfer	**Cu**	nötig für Wirksamkeit von Enzymen
Zink	**Zn**	in einer Vielzahl von Enzymen wirksam
Mangan	**Mn**	enzymatisch wirksam, aktiviert weitere Enzyme
Selen	**Se**	bei der Reaktion von Enzymen zu finden
Kobalt	**Co**	Zusammenspiel mit Vitamin B12 für verschiedene Enzyme
Jod	**J**	Bestandteil des Schilddrüsenhormons; Mangel ist sehr standortabhängig
Molybdän	**Mo**	Molybdänmangel nur bei Geflügel auftretend
Nickel	**Ni**	Enzymaktivator
Arsen	**As**	Wachstumsaktivator
Kadmium	**Cd**	Wachstum
Brom	**Br**	Lithium, Fluor
Bor	**B**	Knochenstoffwechsel
Aluminium	**Al**	Wachstumsaktivator

Weitere Spurenelemente sind: Strontium, Chrom, Vanadium, Silizium, Blei, Zinn, Beryllium, Fluor, Wolfram, Quecksilber.

Aus dieser Gruppe sind Blei oder Kadmium höchst beachtenswert, winzige Spuren können bereits erheblichen Schaden verursachen. Diese Schäden beziehen sich auf das Wachstum und die Reproduktion.

Die Funktionen der Spurenelemente liegen in der Aktivierung von Enzymen. Sie sind Bestandteil von Proteinen (zum Beispiel Selen) und in Hormonen enthalten.

Wesentlichen Einfluss auf den Spurenelementgehalt hat die Versorgung der jeweiligen Ackerböden. Diesbezüglich gibt es regional beachtliche Unterschiede.

Einige Spurenelemente und ihr Gehalt in Sämereien

	Fe	Cu	Mn	Zn	Co	Mo
	mg/kg	mg/kg	mg/kg	mg/kg	mg/kg	mg/kg
Ackerbohnen	60	7,3	48	48	26	0,4
Erbsen	77	88	11	44	–	–
Gerste	62	7	18	25	79	0,4
Hafer	71	6	45	27	62	0,4
Mais	26	3	5	19	6	0,2
Milokorn	64	1,5	13	26	70	0,4
Roggen	70	4	44	25	44	0,2
Weizen	69	5	31	30	55	0,2
Sojaextraktionsschrot	224	20	39	42	125	35

Besonders spurenelementreich sind die Extraktionsschrote, hier wird das am Beispiel von Sojaextraktionsschrot gezeigt. Die Spurenelemente treten sehr konzentriert zutage. Damit wird bei Schrotfutter schon ein wichtiger Teil der Spurenelemente über die Nutzung der Extraktionsschrote realisiert. Sojaextraktionsschrot liegt im Prinzip fast überall einsam an der Spitze. Aus dieser Situation heraus ergeben sich günstige Möglichkeiten, spezielle Leistungsfutter herzustellen. Diese haben dann einen Anteil Eiweiß über das Sojaextraktionsschrot und es lassen sich energiereiche Komponenten hinzufügen: ein Pellet, auch Presskorn genannt, entsteht.

PELLETFÜTTERUNG

Wichtig ist dabei nicht nur die Herstellung und Zusammensetzung des „Kunstkornes", sondern auch die Bereitschaft der Tauben, es anzunehmen. Hier ist ein schrittweises Gewöhnen an das neue Futter nötig. Dabei muss man langsam und mit Gefühl herangehen. Die Methode „Friss Vogel oder stirb", also die Futtergabe ohne Kontrolltiere, um daraus eventuelle Rückschlüsse zu ziehen, bringt alles, nur keine guten Ergebnisse.

Schon in kleinsten Spuren kommen chemische Elemente zur Wirkung, die großen Schaden anrichten können. Es sind die Schwermetalle, deren bekannteste Vertreter Blei und Kadmium sind. Es ist natürlich darauf zu achten, dass derartige Stoffe nicht aus Unkenntnis ins Futter kommen, weil man sie irrtümlich für Mineralstoffe der üblichen Art gehalten hat.

Vitamine

Man hört viel von dieser Stoffgruppe und man weiß auch, was es da an Vitaminen gibt. Es gehören aber auch andere Stoffgruppen außerhalb der Amine dazu. Vitamine sind also keineswegs einheitlich aufgebaut. Ihre gemeinsame Aufgabe liegt in den verschiedensten Bereichen des Lebens von Tier und Mensch. Natürlich kann beim Vitaminbedarf nicht generell vom Menschen auf die Tiere geschlossen werden und umgekehrt. So ist bekannt, dass Menschen und Meerschweinchen das wichtige Vitamin C nicht im eigenen Körper aufbauen können. Sie müssen dieses Vitamin mit der Nahrung aufnehmen. Eine Vielzahl von Tierarten hat damit keine Probleme.

Vitamine werden in wasserlösliche und fettlösliche Vitamine eingeteilt.

Wichtig aus der Gruppe der fettlöslichen Vitamine sind A, D, E und K. Diese vier Vitamine müssen mit dem Futter aufgenommen werden. Eine „Selbstversorgung“ durch Eigenproduktion ist ausgeschlossen.

Typische Mangelerscheinungen bei Tauben unter Mangel von fettlöslichen Vitaminen

- Vitamin-A-Mangel – Nachtblindheit
- Vitamin-D-Mangel – Rachitis
- Vitamin-E-Mangel – Fortpflanzungsstörungen
- Vitamin-K-Mangel – Blutungen

Die wasserlöslichen Vitamine sind zahlenmäßig umfangreicher als die fettlöslichen Vitamine. Zu ihnen gehören die Vitamine B1, B2, B6 und B12, des Weiteren Cholin, Nikotinsäureamid, Pantothensäure, Folsäure und Biotin.

Nun zu den Aufgaben der Vitamine im Körper der Tauben.

Vitaminbedarf von Tauben (Übersicht nach Engelmann)

Vitamine	Einheit	je kg Körpermasse			je kg Futter
		Nestjunge	Jungtiere	erwachsene Tauben	
Vitamin A	IE*	600	500	400	10.000
Vitamin D	IE	70	60	50	1.000
Vitamin E	mg	2	2	2	12
Vitamin K	g	0,2	0,2	0,2	2
Vitamin B_1	mg	0,3	0,3	0,3	2
Vitamin B_2	mg	0,3	0,5	0,3	4

Vitamine	Einheit	je kg Körpermasse			je kg Futter
		Nestjunge	Jungtiere	erwachsene Tauben	
Vitamin B_{12}	mg	1	1	1	20
Nikotinsäure	mg	3	3	3	25
Pantothensäure	mg	0,05	0,05	0,05	10,4
Folsäure	mg	0,05	0,05	0,05	0,5
Biotin	mg	0,005	0,005	0,005	0,1
Chrom	mg	75	75	75	1.000

* IE = internationale Einheiten

Relativ einfach ist die Diagnose, wenn nur ein Vitamin im Mangel ist. Bei mehreren defizitären Vitaminen wird eine klare Aussage erschwert. Darum werden auch immer gern Multivitaminpräparate verordnet. In älteren Futterpartien werden in der Regel weniger Vitamine ermittelt als in frischem Futter. Auch die trockenen Samen, die als Taubenfutter dienen, verlieren Vitamine durch Abbau bei der Lagerung.

Einteilung und Bezeichnungen der Vitamine sowie ihr Vorkommen in Futtermitteln der Tauben (nach Engelmann)

Kurzname	weitere Namen	wichtige Funktionen	Vorkommen, Versorgung	Mangel-erscheinungen
Provitamin A	Karotin, Kryptoxanthin, Karotinoide	wird in Darmwand durch das Ferment Karotinase zu Vitamin A umgewandelt	Grünfutter, Möhren	Durchfall-erscheinungen
Vitamin A	Retinol, Axerophthol, antiaxerophthalmisches Vitamin, Epithelschutz oder Wachstumsvitamin	Lebensvorgänge anregend, wie Wachstum, Epithelschutz, Ausfärbung des gelben und roten Gefieders	Fischleberöle, Lebertran, Milchfett, Hefen	Augenstarre, Erblinden, Schädigung der Epithelien, ungenügende Ausfärbung des Gefieders, Wachstumshemmungen, Missbildungen bei Küken
Provitamin D_2	Ergosterin	Aufbau und Erhaltung des Knochenbaus	Hefe	Wachstums- und Fortpflanzungsstörungen
Vitamin D_2	Ergocalciferol, Calciferol	Regulation des Kalzium-Phosphor-Verhältnisses	Sonnenbestrahlung	Rachitis bei Jungtieren, Knochenbrüchigkeit bei Erwachsenen (Osteoporose)
Provitamin D_3	Dehydrocholesterin		Fischleberöle, Lebertran, Fischmehl	Knochenbrüchigkeit

Kurzname	weitere Namen	wichtige Funktionen	Vorkommen, Versorgung	Mangel-erscheinungen
Vitamin D_3	Cholecalciferol		Fischleberöle, Lebertran, Fischmehl	
Vitamin E	Tokopherol, Antisterilitätsvitamin, Fruchtbarkeitsvitamin	fördert Geschlechtsfunktionen, Oxidationsschutz für Vitamin A	Getreidekeime, Leguminosen, Trockengrünfutter, Grünfutter	schlechte Befruchtung, Schlupfprobleme, Störung der Geschlechtsfunktionen, Muskelschädigungen, mit Selenmangel führt das zu Ödemen und Hämatomen
Vitamin K	Blutgerinnungsvitamin	an der Bildung von Prothrombin beteiligt	Extraktionsschrote, Milchprodukte, Fischmehl	mangelhafte Blutgerinnung, Gewebsblutungen, Organblutungen
Vitamin B_1	Aneurin, Thiamin, Anti-Beriberi-Vitamin, Torulin	Intermediärstoffwechsel, Koferment	Grünfutter, Hefe, getrocknete Futterpflanzen, Körner	Krämpfe, Ödeme, nervöse Störungen
Vitamin B_2	Riboflavin, Laktoflavin	Fermentbestandteil	wie Vitamin B_1	
Vitamin B_3	Nikotinamid, Nikotinsäure, Niazin	Bestandteil von Kofermenten, beeinflusst Kohlenhydrat- und Fettstoffwechsel	wie Vitamin B_1	Durchfall, verzögertes Wachstum, Hautschäden, Abmagerungen
Vitamin B_5	Pantothensäure, Kalzium, Pantothenat, Küken-Anti-Dermatitis-Faktor	Bestandteil des Kofermentes A (CoA)	wie Vitamin B_1	Leberschädigungen, Hautentzündungen, Pigmentmangel im Gefieder
Vitamin B_6	Pyridoxin, Pyridoxal, Pyridoxamin, Adermin, Anti-Akrodynie-Faktor, Anti-Dermatitis-Faktor	an der Blutbildung beteiligt	wie Vitamin B_1	Krämpfe, Anämie, Hauterkrankungen, Appetitlosigkeit, Wachstumsstörungen, Leistungsabfall
Vitamin B_{12}	Cyanocobalamin-Faktor, Cobalamin, Antiperniciosafaktor	Bestandteil des Tiereiweißes, beteiligt an Blutbildung	tierische Eiweiße, Milchprodukte, Fischmehl	Anämie, Wachstumsverzögerungen
Vitamin H	Biotin, Hautfaktor, Filtratfaktor, antiseborrhoisches Vitamin	Fermentbestandteil, Wachstum der Haut- und Nervenzellen	Getreide, Leguminosen, Hefe, Frischfutter (grün oder getrocknet)	Hautschäden, Periosis, Skelettanomalien

Kurzname	weitere Namen	wichtige Funktionen	Vorkommen, Versorgung	Mangelerscheinungen
Vitamin C	Ascorbinsäure	aktiviert Fermente und Hormone	Grünfutter, Kartoffeln, Milch, Früchte	anfällig gegen Infektionskrankheiten, Wachstumsstörungen, Leistungsabfall
Vitamin J	Cholin, Cholinchlorid	Lecithinbildung, Fetttransport von der Leber weg	frische und getrocknete Grünpflanzen, Getreide, Sojaextraktionsschrote, Milchprodukte, Hefe, Knochenschrot	Wachstumsstörungen, Leistungsabfall
Vitamin M	Folsäure	Gefiederbildung, Schleimhautfunktion, Blutbildung	Getreide und Getreidenachprodukte	Wachstumsstörungen, Blutmangel, Federpigmentierung
Mesoinosit	Inositol	Fettstoffwechsel, Wachstum	Getreide, Leguminosen, Hefe, Frischfutter (grün oder getrocknet), Milchprodukte, Fischmehl	Wachstumsdepressionen

Diese Übersicht zeigt die Vielzahl der Vitamine und ihre Wirkungen. Hier ist auch zu sehen, dass oft mehrere Vitamine gemeinsam wirken. So sind Fruchtbarkeitsprobleme abhängig vom Gehalt an Provitamin D_2 und an Vitamin E.

Im folgenden Teil zur Futtermittelkunde wird gezeigt, dass einige Vitamine in nicht ausreichender Menge in Futter vertreten sind. Es ist deshalb notwendig, hier etwas zu tun. Ohne eine Zugabe von defizitären Vitaminen wird man keine erfolgreichen Aufzuchten zustande bringen. Besonders wichtig ist das bei Volierentauben, die ein nur begrenztes Areal haben und bei denen die natürlichen Vitamine schnell aufgebraucht sind. Wie schon erwähnt, ist die Zugabe von Vitaminen kein Doping, sondern im hohen Grade Tierschutz und Gesunderhaltung. Dass man Vitamine nicht so einsetzt, dass Vergiftungserscheinungen auftreten, müsste klar sein: Viel hilft selten viel.

Dunganfall

Die Reste bei der Stoffumwandlung müssen irgendwie abgesetzt werden. Dies geschieht über die Kloake. Dazu zählen die nichtverdaulichen Futterreste, nicht aufnehmbare Restsubstanzen, Reste von abgebauten Teilen des Darmtraktes, wie Epithelien, sowie Mineralien, Magensteinchen und auch Aminosäuren. Gemeinsam mit den Harnsubstanzen erfolgt die Abgabe über die Kloake. Das sind je nach Größe der Tauben etwa 10 bis 40 g. Wenn Küken im Nest gefüttert werden, sind es entsprechend größere Mengen.

Kalkuliert man mit diesen Zahlen, so kommen etwa 9 kg frischer Stallmist im Jahr zusammen. Man kann bei mittelgroßen Tauben mit einem Kotanfall von 20 kg je Zuchtpaar rechnen.

Eine Einnahmequelle ist Taubendung auf alle Fälle, denn es gibt Zierpflanzengärtner, die an Taubenmist interessiert sind und ihn kaufen. Dass so etwas nicht im Handel erhältlich ist, wird sicher klar sein. Man kann ja auch mal einen Gärtner deswegen ansprechen.

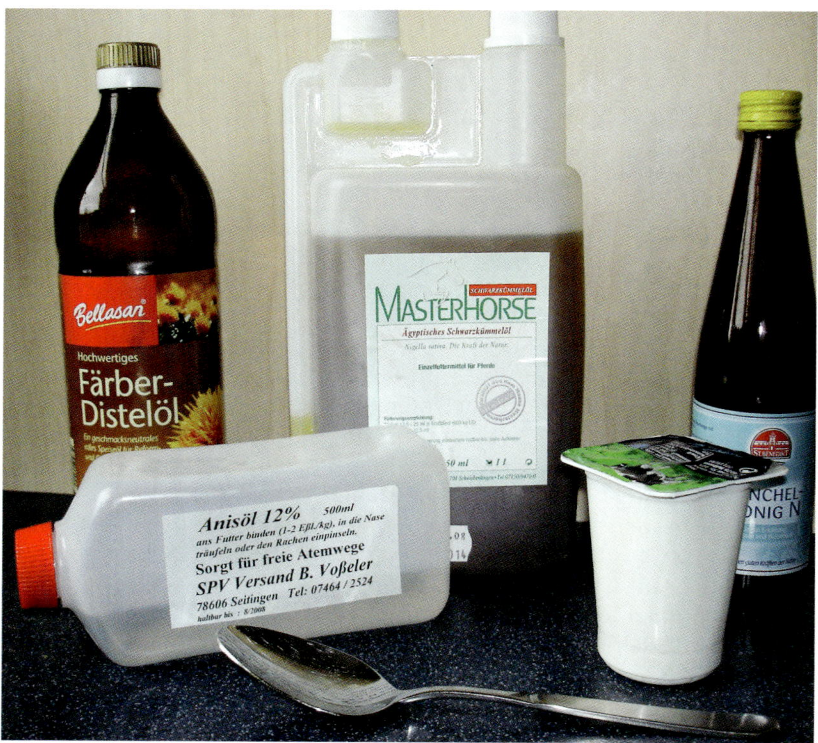

Verschiedene Öle und Joghurt werden verwendet, um beispielsweise Bierhefe an das Körnerfutter zu binden.

Futtermittelkunde für den Taubenzüchter

Zuweilen wird den Futtermitteln, die die Tauben bekommen, wenig Beachtung geschenkt. Wer eine landwirtschaftliche Vorbildung hat, der weiß, wie groß die Bedeutung der Futtermittel für den Erfolg in der Zucht und in der Haltung ist.

Wichtig zu wissen ist, dass Weizenkorn nicht gleich Weizenkorn ist. Ein Korn kann sich voll entwickeln, weil es alle Stoffe in sich hat, die ein normales Wachstum garantieren. Ein anderes Korn kann ein Hinterkorn sein, und da sich daraus keine Pflanze entwickelt, ist es ein deutliches Zeichen, dass es nicht vollwertig ist. Ein paar grundlegende Fakten zu den Futterstoffen und verschiedenen Komponenten sollen folgen.

Futterkomponenten

Tauben sind im Wesentlichen Pflanzenfresser und bevorzugen dabei die Samen der Pflanzen. Das sind überwiegend Kulturpflanzensamen und zuweilen auch Samen von Wildpflanzen. Ganz allgemein kann man feststellen, dass Tauben „Körnerfresser“ sind. Das ist nicht nur so, weil sie in Menschenhand vielleicht der Einfachheit halber mit Körnern versorgt werden. Das ist auch so bei feldernden Tauben, denen zur Überprüfung ihrer Futtermittelpalette der Kropf geleert wurde. Die wilden Ahnen unserer Haustauben, die Felsentauben, ernähren sich auch überwiegend mit Körnern und Samen der verschiedensten Herkunft.

Beim Freigang im Garten (hier Giant Homer blau mit schwarzen Binden) suchen sich Tauben allerhand Steinchen, Erde und vieles mehr zusammen.

Als es noch keine Drillmaschinen gab, hatten es die Tauben leichter, etwas Fressbares auf den Feldern zu finden. Gleichfalls war die Ernte in alten Zeiten für sie ergiebiger. Das Aufstellen der Garben, das Laden der Fuhren auf dem Feld und der Transport auf mit Eisenrädern versehenen Wagen – und das dann noch auf Kopfsteinpflaster – führte alles zu einem vorzeitigen Ausfall der Ähren. Es ist also kein Wunder, dass es damals große Taubenschwärme gab. Das Feldern hatte dadurch einen ganz anderen Stellenwert. Es ging eben auch um die Futterversorgung der Taubenbestände, die wild waren oder züchterisch bearbeitet wurden.

Dessen ungeachtet gibt es unter den verschiedenen Arten von Tauben auch solche, die regelrecht „Fruchttauben" sind. So heißen sie und in entsprechenden Regionen leben sie ganzjährig von frischen Früchten. Sie haben aber nichts mit unseren Haustauben zu tun. Interessant sind diese Futterspezialisten trotzdem auch für viele Taubenzüchter der jetzigen Zeit.

Die Körner sind aber nicht nur dem Getreide zuzuordnen. Es werden daneben auch Hülsenfruchtsamen und Ölfruchtsamen, also auch andere Samenkörner, verfüttert. Diese sind von nicht geringer Bedeutung.

Zu den beim Feldern aufgenommenen Stoffen gehören auch die kalkhaltigen Mineralien sowie die Mineralstoffe der verschiedensten Art. In geringen Mengen werden auch Pflanzenteile, wie Blattspitzen, Beeren und diverse Kerbtiere gefressen.

Zunehmend an Bedeutung gewinnen die Pressfuttermittel – auch Pellets oder Presskorn genannt –, weil mit diesen die Futterrationen exakter gestaltet werden können. Während beim herkömmlichen Futter die verschiedenen Körnerarten teils sehr unterschiedliche Zusammensetzungen haben, ist beim Pellet im Prinzip in jedem „Presskorn" das Gleiche drin. Ein Vorteil der Pellets liegt auch in der Möglichkeit, den Tieren Mineralstoffe, Vitamine und andere Zusatzmittel zu verabreichen, was sonst nicht bedarfsgerecht geschieht oder bei einer direkten Gabe über den Schnabel die Tauben unnötig beunruhigt oder dass bei der Gabe übers Tränkwasser nur ein Teil in die Tiere kommt und der Rest weggeschüttet wird. Wegschütten soll dabei nicht wörtlich genommen werden, denn die im Tränkwasser enthaltenen Stoffe zur Krankheitsprophylaxe darf man nicht überall hinkippen.

Getreide

Die bekannten Getreidearten Weizen, Gerste, Hafer, Roggen und Mais bilden mehr oder weniger den Grundstock für die Mehrzahl der Futtermischungen. Es gehört in unseren Regionen zeitweise auch Reis als Futterstoff dazu. Hirse und Triticale sind wahlweise ebenso unter den Taubenfuttermitteln zu finden. Auch mit Dinkel kann man gelegentlich rechnen – aber sicher in geschroteter Form, wegen der Spelzen, die sich bei Dinkel nicht vom Korn lösen.

Beim Einsatz von Futtermitteln, die neu sind für die Tauben, muss man immer eine Gewöhnungszeit einplanen. Bei der Vorbereitung eines Futtertests ist das sehr gut zu beobachten. Manchmal geht es schnell und manchmal dauert es oft eine Woche und mehr, bis die Tiere an neues Futter gehen. Anders ist das mit Futterstoffen, die schon einmal im Einsatz waren und die den Tauben deshalb bekannt sind. Es scheint so zu sein, dass junge Tauben sich eher an neue Futtermittel gewöhnen als ältere Tiere. Aber da gibt es ja zweifelsfrei Parallelen zum Menschen nach dem Motto: „Was der Bauer nicht kennt, das isst er nicht."

Zu den anfangs verschmähten Futtermitteln gehören auch die in pelletierter Form. Man kann aber nach eigenen Erfahrungen sehr gut damit arbeiten, weil die Tiere alles aufnehmen – zumindest nach einer Gewöhnungsphase –, was man über das Mischen und Pressen in den Taubenkörper „hineinbringen" will. Aber innerhalb der Getreidearten gibt es gleichfalls große Unterschiede im Nährstoffgehalt. Von Sorte zu Sorte sind diese oft sehr groß, weil sie für spezielle Zwecke gezüchtet werden. Genannt sei das Beispiel Gerste und Braugerste. Man kann nicht einfach irgendwelche Gersten zu Malz verarbeiten. Wichtig sind ausreichend vorhandene Kohlenhydrate, nicht zu viel Eiweiß und vor allem: Braugerste ist eine Sommergerste.

Weniger gut zu verfüttern ist die Wintergerste mit ihren kräftigen Spelzen. Das ist nichts für die Verdauungsorgane der Tauben. Getreide ist allgemein ausgesprochen mineralstoffarm. Lediglich der Phosphorgehalt ist relativ hoch.

Die Vitamine der B-Gruppe sind stärker vertreten und ebenso das Vitamin E. Weniger zu finden sind die Vitamine C und D.

Vom Mais gibt es eine Vielzahl von Varianten, die in Fertigmischungen enthalten sind, genannt sei beispielhaft der Anteil von Farbstoffen, hier ist an Karotin und deren Vorstufen zu denken. Typisches Beispiel ist der Mais mit den verschiedensten Sorten. Für bestimmte Gefiederfarben kann das nützlich sein, zu denken ist an rezessives Rot und Gelb. Bei anderen Farben ist das eher weniger angebracht, zum Beispiel bei bestimmten blauen und silbernen Typen.

Hervorzuheben ist, dass Hirse von allen Getreidearten die meisten Mineralstoffe aufweist. Aufgrund der enthaltenen Tannine, das sind bittere Gerbstoffe, haben sie bei landwirtschaftlich genutzten Tieren geringere Bedeutung. Die Tauben scheinen bestimmte unangenehme Stoffe gut zu vertragen, wie es das Beispiel Hirse verrät.

Hirse gehört zum Getreide und dabei zu den kleinkörnigen Arten, daher ist dieses Getreide auch bei Ziervogelzüchtern beliebt. Die Hirse ist weiter verbreitet als man annimmt. Hirse gibt es in verschiedenen Formen und Namen. Sie wird im ökologischen Anbau genutzt. Hervorgehoben wird ihre basische Reaktion; auch ihre Glutenfreiheit wird betont. Daneben soll sie eine geringe Schleim bildende Wirkung haben. Es gibt zahlreiche Hirsearten, für die aber einheitlich die geringe Korngröße üblich ist.

Die Hirsekörner haben im Mittel 14 % Feuchtigkeit, 11 bis 12 % Rohprotein, 3 bis 5 % Fett und 70 bis 80 % Kohlenhydrate.

Die Vielzahl von Futterstoffen in einer Rezeptur kann man für reinen Luxus halten. Man kann auch mit wenigen Futtermitteln und dazu einem „Kraftpellet" die Tiere bestens versorgen, denn Hirse ist in vielen Regionen der Welt ein Grundnahrungsmittel. Es bleibt die Frage, ob der Import notwendig ist. Beim Anbau von hier heimisch gewordenen Hirsearten gibt es wohl keinen Einspruch. Es gibt ja doch noch genügend Kleinvögel, die in Käfigen oder Volieren gehalten werden und die gern Hirse fressen.

Es garantiert auch kein Futterhersteller, der an die 30 verschiedene Körnerarten einmischt, dass jede Taube von jeder Korngruppe etwas erhält. Nach gleichmäßiger Verteilung darf gar nicht gefragt werden. Es soll damit zum Ausdruck gebracht werden, dass man es mit der eingebrachten Vielfalt nicht übertreiben möchte.

Eine intensive Gefiederfärbung wie bei diesen Thüringer Goldkäfertauben lässt sich mit der richtigen Fütterung unterstützen.

Ölfrüchte

Von den Ölfrüchten werden ebenfalls die Körner oder Samen benutzt. Bekannteste Vertreter dieser Gruppe sind Raps und Sonnenblumen. Dazu gesellen sich noch Rübsen, Hanf, Mohn, Senf und Lein. Nicht zu vergessen sind dabei die Nüsse mit den Haselnüssen an der Spitze, gefolgt von Pistazien und Erdnüssen. Das sind schon eher Luxusfuttermittel. Auch die Bucheckern werden zu den Ölsamen gerechnet.

Raps ist die am meisten angebaute Ölfrucht in Deutschland. Es ist ja auch bekannt, dass Rapsöle für die Biodieselproduktion zum Einsatz kommen und damit die Nachfrage nach Raps steigt und folglich die Preise für den Taubenhalter ebenfalls beeinflusst werden. Raps enthält ein Glukosid mit dem Namen Glukonapin. Nicht zu vergessen sind die Senföle bei Raps und Senf.

Im Taubenfutter sind Ölfrüchte als Energieträger kaum wegzudenken. Betrachtet man die Empfehlungen für den Einsatz im Taubenfutter, so scheint es, dass der Anteil vor allem von Sonnenblumenkernen erhöht werden kann. Diese werden jetzt auch häufiger in Mitteleuropa angebaut.

Teilweise Beobachtungen, dass die gestreiften Sonnenblumenkerne weniger gern gefressen werden, können nicht bestätigt werden. Ganz anders zusammengesetzt sind die geschälten Sonnenblumensamen. Sie enthalten alle wesentlichen Nahrungsstoffe in höherem Ausmaß. Der Eiweißgehalt in normalen Sonnenblumenkernen liegt bei 6,8 %. Dagegen erreichen die geschälten Sonnenblumenkerne einen Rohproteinwert von 24 %.

Hanf und Lein sind sowohl Ölpflanzen als auch Faserpflanzen. Leinsamen haben einen relativ hohen Anteil an Schleimstoffen. Daher haben sie einen hohen diätetischen Wert. Zuweilen treten Partien mit einem hohen Blausäuregehalt auf.

Beliebt ist Hanf bei Züchtern als Stimulierungsmittel bei Zuchtbeginn. Dem scheint aber nicht so zu sein, denn Hanf bietet keinen kurzen Effekt, sondern ist eigentlich ein Dauerbrenner. Wobei nicht vergessen werden darf, dass Hanf eine Rolle bei der Rauschgiftherstellung spielt und dadurch der Handel zu Recht besonders beobachtet wird.

Zum Hanf teilt das Bundessortenamt Folgendes mit: „In Deutschland ist der Anbau von nicht rauschmittelfreiem Hanf gemäß Betäubungsmittelgesetz verboten … lediglich Sorten, die im Anhang der VO (EG) Nr. 2316/1999 in der jeweiligen gültigen Fassung abgedruckt sind … Nach den gemeinschaftlichen Vorgaben ist ein Tetrahydrocannabinolgehalt (THC) von höchstens 0,2 % in der Trockensubstanz erlaubt."

THC wird unterschieden in

- THC-arm (≤0,2 % in der TS)
- THC-reich (>0,2 % in der TS)

Bei eigenen Untersuchungen fraßen die Tauben bis zu 60 % Hanf über ein paar Wochen, ohne Schaden zu nehmen. Aus Kostengründen ist es aber angebracht, den Anteil an Hanf zu begrenzen. Hanf gehört mit zu den teuersten Futterstoffen.

Der im Handel erhältliche Raps sollte frei von Erucasäure sein. Bei entsprechenden Tests darf dieser Wert nicht höher als 2 % sein. Raps soll weiterhin glukositfrei sein. Lediglich 25 Mol pro g Korn dürfen bei Raps gefunden werden.

Die Ölkuchen, als einfachste Produkte aus der Ölindustrie, haben einen Ölgehalt von 5–10 % und die Extraktionsschrote von etwa 1 %. Die Extraktion führt in der Regel auch zur Eliminierung der Bitterstoffe usw. Nicht zu vergessen ist auch die Tatsache, dass mit der Extraktion eine relative Steigerung des Rohproteingehaltes einhergeht.

Hülsenfrüchte

Hülsenfrüchte oder Leguminosen sind als Pflanze für den Landwirt sehr wichtig, denn sie sammeln und produzieren Stickstoff im Boden. Der so mit Stickstoff versorgte Boden ist günstig für den Stickstoffhaushalt der nachfolgenden Früchte. In der Fruchtfolge werden deshalb Leguminosen gern gesehen.

Hülsenfrüchte haben einen recht hohen Eiweißgehalt und zum Teil einen ordentlichen Ölgehalt, wie zum Beispiel die Sojabohnen. Sie sind ähnlich dem Weizen sehr phosphatreich. Mit den Vitaminen gibt es ähnliche Beobachtungen wie beim Getreide.

Zu den Hülsenfrüchten für die Taubenfütterung gehören vor allem Wicken und Erbsen. Wicken werden immer wieder als klassische Futterstoffe auch für kleinere Tauben genannt. Zu den Hülsenfrüchten gehören aber auch die wesentlich großkörnigeren Bohnen. Ergänzt werden sie durch Linsen und Lupinen.

Zu dieser Gruppe muss man die eiweißreichen Sojabohnen sowie die ebenfalls aus Importen stammenden Erdnüsse rechnen, die meist als Extraktionsschrote in Pelletfutter eingesetzt werden. Die Nutzung von Soja in Körnerform findet man vor allem in Rezepturen mit hohem Eiweißgehalt. Allerdings wird empfohlen, einen nicht so sehr hohen Anteil anzustreben.

Die von dieser Gruppe am häufigsten als Taubenfuttermittel eingesetzten Erbsen gibt es in gelber und grüner Farbe und auch kleinkörnig. Bemerkenswert ist ihr hoher Gehalt an Phosphor. Dagegen ist ihr Gehalt an den Vitaminen C und D unbedeutend. Die Vitamine der B-Gruppe sind zum Teil vorhanden.

Auf Futterhygiene ist bei Hülsenfrüchten besonders zu achten. Zuweilen sind sie mit Käfern versetzt und die Tauben könnten dann die oft giftigen Ausscheidungen der Käfer aufnehmen.

Ein Problem sind die teilweise leistungsmindernden Bitterstoffe und anderen Schadstoffe, letztlich sind es Gifte. Zu nennen sind dabei Alkaloide: zum Beispiel das Lupinin oder das Spartein der Lupinen. Es gibt Süßlupinen, die durch Züchtung ihren Schadstoffgehalt und ihren Bitterstoffanteil weitestgehend verloren haben.

Wichtig zu wissen ist auch, dass die Wicken Giftstoffe enthalten, die zu Verstopfungen führen können. Man muss also die Futtermittel genau ansehen.

Zusammenstellung der wichtigsten Körnerfruchtarten

Getreide	Hülsenfrüchte	Ölpflanzen	Hirsetypen	Sonstige
Weizen	Erbsen	Sonnenblumenkerne	Dari	Buchweizen
Gerste	Wicken	Raps	Kolbenhirse	Eicheln
Mais	Bohnen	Hanf	Kanariensaat	Haselnüsse
Hafer	Linsen	Rübsen	Kardisaat	Käse
Roggen	Lupinen	Leinsaat	Platahirse	Quinoa
Crispmais	Maple Peas		Milo	Kürbiskerne
Rotmais	Peluschke		Rispenhirse	
Braugerste	Katjang Idjoe		Negersaat	
Dinkel			Rote Hirse	
Triticale			Zwerghirse	
Reis				
Grassamen				
Hirse				

Korngröße

Die Korngröße ist wichtig, wenn es darum geht, für den jeweiligen Taubentyp die optimalen und die extremen Größenwerte der Körner zu ermitteln. Die Korngröße muss mit den Inhaltsstoffen abgeglichen werden, damit vor allem bei körperlichen Leistungen, wie sie von Brieftauben oder von Hochfliegern bei ihren Wettbewerben erbracht werden, ausreichend versorgt sind.

Für Wettkämpfe müssen die Tauben entsprechend ernährt werden, damit sie ihre Leistung voll erbringen können.

Je nach Wettbewerb sind die Fütterungen zu gestalten. Es ist ein Unterschied, ob eine Taube über Stunden konzentriert fliegen muss oder ob es ein kurzer Spezialflug aus der Höhe bzw. in die Höhe ist oder wenn beispielsweise bei den Ringschlägern der Wettkampf nach Minuten vorbei ist, aber doppelt konzentriert geflogen wird. Man kann also die einzelnen Disziplinen nur bedingt gegeneinander aufrechnen. Zum einen muss ein Ringschlägertäuberich die Täubin umwerben, daneben mögliche Konkurrenten abwehren und dann muss der Täuberich richtig steuern, um nicht zu straucheln.

Hoch konzentriert geht es auch beim Hochflugsport zu. Dabei gibt es Spezialisten als Hochflieger, bei denen die erreichte Höhe zählt, und es gibt Langzeit-Hochflieger, sogenannte Dauerflieger. Rekorde liegen bei 24 Stunden und mehr. Da muss das Futter für diese lange Zeit reichen. Es muss konzentriert sein und darf nur langsam abgebaut werden. Ähnlich ist das bei den Brieftauben. Anders läuft das bei Kurzleistungen, wo eine schnelle Umwandlung der Futtergabe in Leistung erfolgen muss und auch die Menge geringer ist.

Ein Maß für die Korngröße ist die Tausendkornmasse. Vor Jahrzehnten gab es noch ein Gewicht für eine festgelegte Menge. Das war die Hektolitermasse, also eine Menge, die einen Hektoliter (100 Liter) ausfüllte. Dabei hatte ein Hektoliter Roggen ein Gewicht von 65 bis 75 kg, Futterhafer wog 45 bis 50 kg und Industriehafer brachte es auf 53 kg. Dieses Maß war gut für Getreide und ähnlich große Körner. Bei Raps benötigt man schon mehr Kraft beim Bewegen eines Hektoliters.

Ein paar spezifische Werte der Tausendkornmasse sind nachstehend zusammengestellt.

Futtersorte	Tausendkornmasse (TKM) in g
Roggen	28–44
Weizen	38–58
Gerste	38–54
Hafer	26–44
Mais	240–480
Rispenhirse	4–6
Erbsen (kleinkörnig)	150–250
Erbsen (großkörnig)	250–500
Erbsen (mittelkörnig)	150–230
Ackerbohne (kleinkörnig)	400–650
Ackerbohne (großkörnig)	500–1200
Saatwicke	60–100
Raps	4–7
Rübsen	2,5–3,5
Lupine (gelb)	125–175

Futtersorte	Tausendkornmasse (TKM) in g
Lupine (weiß)	350–550
Hanf	15–25
Sonnenblumenkerne	25–60
Raps	4,0–5,5
Rotklee	1,5–2,2
Luzerne	1,5–2,2
Weidelgras	2,1–4,5
Wiesenschwingel	1,5–2,25
Rotschwingel	1,0–1,3

Die Unterschiede sind teils beachtlich und je niedriger die Tausendkornmasse ist, umso kleiner ist das entsprechende Korn. Es gibt dabei Unterschiede zwischen Sorten, Jahrgängen, Düngung, Standorten und Regionen. Es gibt also die Möglichkeit der Auslese auf Kleinkörnigkeit, was aber der Landwirt nicht in jedem Fall mag. Er benötigt möglichst viele große Körner, also schwere Ähren und damit hohe Hektarerträge. Das ist auch verständlich. Um bei der Bestimmung der Tausendkornmasse die Arbeit zu rationalisieren, gibt es seit längerer Zeit Körnerzähler. Interessant wird die Frage erst, wenn es um große Kornarten geht und man damit kleinere Tauben versorgen möchte. Hier muss man entsprechende Partien mit kleinen Körnern auswählen oder Pflanzenarten in der Rezeptur tauschen. Von Erbsen werden zum Beispiel kleine und große und auch halbe angeboten. Man kann durch Kenntnis der Körnerfrüchte einiges für eine optimale Versorgung regulieren. Es gibt daneben die Möglichkeit, durch verschieden durchlässige Siebe eine Größensortierung zu bekommen.

BEZEICHNUNG VON KÖRNERFRUCHTAUSBILDUNGEN

Art des Korns	Grad der Kornausbildung und des Korntyps
Vollkorn:	bestes Korn, höchste Stufe der Kornausbildung
Mittelkorn:	gutes Korn, kleiner und leichter als Vollkorn
Schmachtkorn:	aufgrund von Mangelernährung zurückgebliebenes Korn
Hinterkorn:	unvollständig ausgebildetes Korn, einschließlich taube Körner

Die kleinsten Körner einer Art sind nicht unbedingt vollwertig und man sollte sie in Zeiten füttern, in denen keine Leistungen verlangt werden.

Zu beachten ist auch, dass tetraploide Sorten schwerer sind als diploide Sorten. Tetraploide Typen haben den vierfachen Chromosomensatz.

Futterarten und -sorten

Eine Aufstellung über die verschiedenen Futterstoffe gibt die folgende Übersicht. Das sind alles Komponenten, die in der praktischen Taubenfütterung üblich sind und genutzt werden. Darunter sind auch Körnerfrüchte und Komponenten, die bei uns nicht angebaut werden. In der Regel sind sie problemlos durch ähnliche einheimische Futtermittel zu ersetzen.

Die wichtigsten Futtermittel für Tauben

1	Bohnen	eiweißreich, fettarm, kohlenhydratreich; wertvolles Allroundfutter; auf die richtige Größe ist zu achten; Gartenbohnen nur in kleinen Mengen verabreichen
2	Braugerste	kohlenhydratreich, eiweißarm
3	Buchweizen	eiweißarm, fettarm, kohlenhydratreich, erhöht die UV-Empfindlichkeit; ungeschält als Treibfutter geeignet, Einsatzmenge begrenzt (Buchweizenkrankheit)
4	Crispmais	eiweißarm
5	Dari	eiweißarm, fettarm, kohlenhydratreich; Hirseart; weißlich gefärbte Körner, besonders für kleine Rassen geeignet, auch als Mohrenhirse bezeichnet
6	Dinkel	Getreideart für ungünstige Anbaugebiete wie gebirgige Flächen, auch Schwabenkorn genannt; nur ausnahmsweise als Taubenfutter genutzt
7	Eicheln	kohlenhydratreich, Ergänzungsfutter in Ruheperiode; für große Haustauben und die europäischen Wildtauben wie Ringeltaube und Hohltaube; wird besonders gern gefressen
8	Erbsen	eiweißreich, fettarm, kohlenhydratreich; alle Erbsen werden gern gefressen, ganze Erbsen werden lieber genommen als halbe; als Futter für Zucht, Reise und Mauser geeignet
9	Erbsen (gelb)	eiweißreich, fettarm, kohlenhydratreich
10	Erbsen (gelb, klein)	eiweißreich, fettarm, kohlenhydratreich
11	Erbsen (grün)	eiweißreich, fettarm, kohlenhydratreich
12	Erbsen (grün, klein)	eiweißreich, fettarm, kohlenhydratreich
13	Erdnüsse	eiweißreich, fettreich, kohlenhydratarm
14	Erdnussextraktionsschrot	eiweißreich, fettreich, kohlenhydratarm
15	Extraktionsschrote	eiweißreich, fettreich, kohlenhydratarm
16	Gerste	fettarm, gutes Pausenfutter, als Nacktgerste für alle Zwecke geeignet; energieärmer als Weizen
17	Gerste (geschält)	kohlenhydratreich, fettarm

18	Grassamen	ausnahmsweise auch vom Halm gefressen
19	Grünfutter	Blattspitzen werden bevorzugt, am wenigsten rohfaserreich; Vitamine B, K, C, E, D; Schotenerbsentriebe werden gern aufgenommen; sie enthalten wichtige Mineralstoffe
20	Hafer	rohfaserreich, energiearm, hoher Rohaschegehalt, Vitamin-B_1-reich; wird wegen seiner kräftigen Spelzen nur ungern gefressen; Tauben hungern lieber, als dass sie Hafer unbehandelt fressen
21	Hafer (geschält)	behandelter Hafer (Spelzen entfernt) ist ein wertvolles Futter; für alle Zwecke einsetzbar; auch Haferflocken sind gut geeignet
22	Haferkerne	eiweißarm, fettreich
23	Hanf	eiweißreich, kohlenhydratarm, fettreich; wird gern vor und während der Anpaarung gegeben; sehr beliebtes Taubenfutter
24	Haselnüsse	kohlenhydratarm, eiweißreich, fettreich
25	Hirse	eiweißarm, kohlenhydratreich
26	Käse	trockener gewürfelter Hartkäse, hoher Eiweiß- und Fettgehalt, mineralstoffreich; spezielles Brieftaubenfutter
27	Kanariensaat	für kleinkörnige Futtermischungen, meist Hirse in verschiedenen Formen
28	Kardisaat	kohlenhydratarm, eiweißarm, fettreich, der Sonnenblume ähnliche Kerne, aber kleiner; zu den Distelgewächsen gehörend
29	Katjang Idjoe	auch Mung(o)bohne genannt, mit der Sojabohne verwandt
30	Kolbenhirse	Hirse wird oft für Ziervögel genutzt
31	Leinsaat	eiweißreich, kohlenhydratarm, fettreich; wird oft nicht gern gefressen, teils Gewöhnung nötig; Leistungsfutter, leicht verdauliches Krankenfutter
32	Linsen	eiweißreich, fettarm, kohlenhydratreich; besonders gern aufgenommen, ideales Taubenfutter
33	Lupinen (süß)	eiweißreichstes Körnerfutter; wird weniger gern gefressen, durch hohen Rohfasergehalt ist die Verdaulichkeit niedriger als bei Wicken oder Erbsen
34	Mais (gelb)	energiereiches Getreide, kohlenhydratreich, ballaststoffreich, karotinhaltig, universell einsetzbar; roter Mais wird auch genutzt, weil viel Farbstoff enthalten ist
35	Mais (weiß)	energiereiches Getreide, kohlenhydratreich, ballaststoffreich, karotinarm, universell einsetzbar

36	Maple Peas	den Sojabohnen ähnliche, kleine Bohnen, kleiner als Erbsen
37	Milo	eiweißarm, fettarm, kohlenhydratreich, rotbraune Hirsekörner, besonders für kleine Rassen geeignet; wird häufiger eingesetzt für Zuchttauben; während der Reiseperiode besonders geeignet; gutes Futter beim Übergang von Kropfmilch zu Körnerfutter
38	Mohrenhirse	mineralstoffreiches Hirse-Getreide, regt den Stoffwechsel an; eiweißarm, kohlenhydratreich
39	Pellets	Inhaltsstoffe gut steuerbar bei der Mischung, einheitliche Ration ist damit besser erreichbar, es ist aber eine längere Gewöhnungszeit nötig
40	Platahirse	eiweißreich
41	Popcornmais	eiweißarm
42	Quinoa	Andenhirse; als Inkakorn bekannt
43	Raps	kohlenhydratarm, eiweißreich, fettreich; wichtiges Leistungsfutter; bei Raps und Rübsen sind Senfölglykoside zu beachten; Struma förderndes Enzym, daher begrenzter Einsatz nötig, 10 %
44	Rapsextraktionsschrot	eiweißreich, kohlenhydratarm, fettreich
45	Rispenhirse	energiereich, rohfaserarm, als Diät- und Kräftigungsfutter geeignet
46	Roggen	fettarm, kohlenhydratreich, Vitamin-B_1-reich, durch Zugabe von Futterhefe und Lebertran als Alleinfutter empfohlen; damit sollte man aber vorsichtig sein (Oxidation des Lebertrans); geeignet in Zucht, Mauser und zur allgemeinen Kräftigung; angekeimt wird er gern gefressen; einige Autoren heben die Durchfallprobleme bei Roggenfütterung hervor und raten dringend, davon Abstand zu nehmen.
47	Rohreis, Futterreis, Paddyreis	eiweißarm, fettarm, kohlenhydratreich, rohfaserreich für Mauser und Ruhezeit; nach Wettflügen gern genommen
48	Reis (geschält)	kohlenhydratreich; als Diät- und Kräftigungsfutter geeignet
49	Rübsen	kohlenhydratarm, eiweißreich, fettreich; Leistungsfutter
50	Samen aus der Saatgutreinigung	preiswertes Futter, oft schwierig zu definieren oder zuzuordnen; Nutzung über Cafeteria
51	Sämereienreste	fallen in Saatgutbetrieben an, als Naschfutter geeignet
52	Sesamnüsse	kohlenhydratarm, eiweißreich, fettreich

53	Sojabohnen (getoastet)	eiweißreich, kohlenhydratarm, fettreich; nährstoffreichstes Futter, unbehandelte Sojabohnen verringern die Eiweißverdauung durch das Ferment Trypsin; Fortpflanzungsprobleme und Wachstumsstörungen sind die Folge; durch Hitzebehandlung wird Trypsin verdrängt, es entsteht das Extraktionsfutter Sojaextraktionsschrot, in Pellets nutzbar
54	Sojaextraktionsschrot	eiweißreich, kohlenhydratarm, fettreich
55	Sonnenblumenkerne (schwarz und gestreift)	eiweißreich, leicht über dem der Getreidekörner; gut verdaulich, enthält viele lebenswichtige Aminosäuren, sehr gutes Leistungsfutter; rohfaserreich, wird entgegen anderslautender älterer Meinungen sehr gern gefressen
56	Sorghum	entspricht dem Milokorn (Sorghum-Arten)
57	Sudan-Dari	Hirseart = Mohrenhirse, eiweißarm, kohlenhydratreich, fettarm, weißlich gefärbte Körner
58	Taubenweizen	fettarm, kohlenhydratreich, preiswert
59	Triticale	Getreide aus der Kreuzung von Weizen und Roggen, noch wenig verbreitet
60	Weizen	fettarm, kohlenhydratreich, Vitamin-B_1-reich; durch Zugabe von Futterhefe und Lebertran als Alleinfutter genutzt, das resultiert aus einer gewissen Überschätzung des Weizens; in Zucht, Mauser und zur allgemeinen Kräftigung geeignet; bei Brieftauben werden maximal 30 % empfohlen; es gibt Meinungen, dass zum Verfüttern nur das Hinterkorn genutzt werden sollte
61	Wicken	eiweißreich, fettarm, kohlenhydratreich; werden besonders gern aufgenommen und als ideales Taubenfutter angesehen, wobei die Meinungen dazu sehr unterschiedlich sind; hellschalige Körner sollen besser sein als dunkelschalige, der Eiweißgehalt liegt zwischen 25 und 28 %; hohe Verdaulichkeit, etwa 90 % der organischen Stoffe
62	Wildkräutersamen	beim Feldern gefundenes Ergänzungsfutter oder aus der Getreidereinigung stammend

Selten genutzte Futterstoffe

63	Maranomais
64	Kürbiskern
65	Multikorn = Hirse
66	Negersaat = Hirse
67	Rote Hirse = Hirse
68	Distelsamen
69	Rotmais (besonders farbstoffreich)

Aus diesem theoretischen Fundus kann der Taubenzüchter seine Mischungen herstellen oder im Handel befindliche Mischungen ergänzen oder verbessern bzw. den Erfordernissen anpassen oder überprüfen, damit alles drin ist im Futter, was drin sein soll und was bezahlt wird.

Eine besondere Rolle spielt der Buchweizen. Es handelt sich hier nicht um ein Getreide, sondern um ein Knöterichgewächs. Buchweizen ist eine Pflanze für sehr leichte Böden. Die daraus resultierenden geringen Erträge machen ihn selten. Der Roggen, der wesentlich ertragreicher ist, hat ihn verdrängt. Man sagt den Buchweizensamen eine ausgewogene Aminosäurenzusammensetzung mit relativ hohem Eiweißgehalt nach.

Neben gewöhnlichem Körnerfutter kommen bei erfolgreichen Züchtern auch immer mehr Leckerbissen zum Einsatz.

Pellets, Kraftkorn, Presskorn

Hier sind drei Bezeichnungen für die gleiche Sache aufgeführt. Das geschrotete Mischfutter wird mittels Wärme und Dampf gepresst. Dazu sind je nach gewünschtem Pelletdurchmesser Lochmatrizen notwendig. Der Durchmesser ist variabel gestaltbar. Meist wird Geflügel mit Pellets gefüttert, aber auch Ferkel und Kälber werden damit versorgt.

Ziel ist eine Reduzierung der Keimzahl im Vergleich zu Schrotfutter. Durch die Pellets wird die Futterverwertung verbessert. Reduziert werden gleichermaßen die Futterverluste. Die Verteilung der Mischung ist günstiger als bei Legemehlen.

Pillieren

Der Begriff „Kraftkorn“ wird teils auch für pillierte Körner benutzt. Diese pillierten Körner haben eine sehr stabile Schutzschicht mit Zugaben von Kohlenhydraten und Aminosäuren usw. Die Basis bilden meist Weizenkörner. Diese pillierten Körner sind bei Tauben öfter in den Mischungen oder sie werden extra verabreicht. Man erreicht dabei eine Verbesserung der Produktqualität in Bezug auf die Verteilung der Futterzusatzstoffe.

Faserreiche Getreidekörner sowie Körner von Leguminosen und Ölfrüchten werden in Schälmaschinen entspelzt. Häufig verwendet wird diese Methode bei Sonnenblumenkernen und Gerste sowie Hafer.

Das Extrahieren bei Ölsaaten verringert den Schadstoffgehalt und verbessert die behandelten Produkte; zum Beispiel Sojaextraktionsschrote oder Sonnenblumenkernextraktionsschrote. Diese Extraktionsschrote sind nur über Pelletproduktion zu nutzen. Das Quetschen von Getreide verbessert den Aufschluss und die Verdauung des Getreides.

Weitere Spezialitäten: Zur Taubenfütterung empfahl vor über 100 Jahren ein Mitarbeiter von Paul Trübenbach folgende mögliche Komponenten:

„Weizen, Gerste, Hanf, Buchweizen, Rübsen, Mohn, Spitzsamen, Linsen, Erbsen, Wicken, Heusamen, Raps, Hederich und andere Unkrautsamen, Kiefern-, Fichten-, Erlen- und Birkensamen sowie kleine Regenwürmer, kleine Nacktschnecken und Gehäuseschnecken. In der Brutperiode werden Drosselfuttergemisch, Milchsemmel und grüne Blätter von Vogelmiere, Löwenzahn, Salat gegeben. Ferner sollen Kies, Lehm, Kochsalz, zerstoßene Eierschalen gereicht werden."

Futterergänzungsstoffe

In diese Gruppe gehören überwiegend Zusätze wie Lebertran und Vitaminpräparate oder Heilerden. Zu den Futterergänzungsstoffen zählen zuerst die Mineralstoffmischungen. Über die Futterergänzungsstoffe ist in der folgenden Übersicht das Wichtigste zusammengestellt.

Übersicht zu den Futterergänzungsstoffen

Muschelschalen	zur ständigen Verfügung
Mineralstoffgemische	zur ständigen Verfügung
Taubenstein	zur ständigen Verfügung
Taubenkuchen	zur ständigen Verfügung
jodiertes Kochsalz	zur ständigen Verfügung
Magensteinchen	zur ständigen Verfügung
Erde, besonders bei Volierenhaltung	zur ständigen Verfügung
Lebertran	bei Bedarf
Vitaminpräparate	vor Flügen und Ausstellungen, während der Mauser, zur Vorbereitung auf das nächste Zuchtjahr, während der Brutperiode bei schwierigen Umweltbedingungen, vor und/oder nach Impfungen

Leistungsförderer

Die Nutzung von Zusätzen dieser Art ist quasi der erste Schritt zum Doping und geht deutlich über die Ergänzungsstoffe hinaus. Oft werden Substanzen aus der Humanmedizin und dem Leistungssport verwendet. Auch die zu Recht verrufenen Anabolika stehen da auf der Wunschliste manchen Ehrgeizlings, dem alle Mittel Recht sind, um eine Scheinleistung zu erreichen.

Antibiotika

Diese Stoffgruppe ist mittlerweile nicht mehr das Allheilmittel für gesundheitliche Probleme beim Menschen und in der Tierhaltung. Leider sind Antibiotika nicht nur in Richtung „Gesundheit“ genutzt worden, sondern auch zur Leistungssteigerung im Maststall.

Vor allem die ungehemmte Gabe dieser Stoffgruppe an Masttiere, die der menschlichen Ernährung dienen, ist berechtigt in Verruf gekommen.

Antibiotika sollen vor allem gegen unerwünschte Mikroorganismen eingesetzt werden. Darunter versteht man im ureigensten Sinn den Einsatz gegen krankmachende Keime.

Die Nutzung zur Leistungssteigerung und der überhöhte Einsatz bei jeder Störung der Leistungsfähigkeit haben dazu geführt, dass die Krankheitsbekämpfung mittels Antibiotika beim Menschen zum Problem geworden ist. Es gibt also bei Antibiotikaverabreichung beim Menschen oftmals nicht die Reaktion, die zu erwarten war oder lange Zeit erwartet werden konnte. Das kann zu ernsten Problemen führen.

Es gibt Beispiele, bei denen Antibiotika ihre Wirkung verloren haben und Erkrankungen nicht mehr unterdrückt oder verhindert werden konnten. Auch vor der Taubenzucht haben diese Probleme nicht halt gemacht. Es gibt bei einer nicht gerechtfertigten Gabe von Antibiotika die große Gefahr, dass sie unkontrolliert in die menschliche Nahrung kommen bzw. bei den kranken Tauben gar nicht mehr wirken können.

Man kann eigentlich nur die Schlussfolgerung ziehen, diese Stoffgruppe nur bei einem echten Bedarf einzusetzen. Das kann bei bestimmten Infektionen sein bzw. zur Vorbeugung in ganz speziellen Fällen, wozu man unter Umständen den Gelben Knopf rechnen kann.

Eine Nutzung zur Leistungssteigerung ist bei dem heutigen Wissen über Antibiotika nicht akzeptabel. Auch bei Flugwettbewerben der Brieftauben sollte das nicht möglich sein.

Antioxidantien

Antioxidantien sorgen dafür, dass es im Tierkörper zu keinem gefährlichen Fettabbau kommt. Denn die Haltbarkeit von Nahrungsfetten ist begrenzt und führt bei Nichtbeachtung zu erheblichen Ernährungsschäden. Fettabbau ist eigentlich der übliche Werdegang. Er führt aber bei einem bestimmten Punkt gleichsam zu Vergiftungserscheinungen. Betroffen sind alle mit Ölen und Fetten reichen und angereicherten Futterstoffe. Ebenso muss man die Ölfrüchte wie Sonnenblumenkerne und Raps dazu rechnen, die bei zu langer und falscher Lagerung ranzig werden können.

Zu den Antioxidantien zählen die A-Vitamine sowie die Vitamine E und C. Sie verlängern die Periode der unproblematischen Nutzung. Es ist mittlerweile eine Reihe von natürlichen Oxidationshemmern bekannt.

Von besonderer Bedeutung sind die Tokopherole, also die Bestandteile des Vitamin E, das nicht im tierischen Körper ausreichend erzeugt werden kann, sondern weitgehend über pflanzliche Nahrung aufgenommen werden muss. Der Anteil von Tokopherol ist bei Pflanzen deutlich höher, wie aus nachstehender Tabelle zu entnehmen ist.

Ausgangspunkt für eine stärkere Fettzersetzung ist das Vorhandensein von Licht, Sauerstoff, Feuchtigkeit, Wärme und mikrobieller Abläufe. Besonders die Spaltprodukte können sehr gefährlich werden. Verstärkt wird der Abbau durch Peroxide, die bei diesen Vorgängen mit entstehen und stark giftig wirken. Es sind Stoffe, die eine Selbstauflösung der Fette (Autooxidation) verhindern. Sie heißen Antioxidantien.

Tokopherolwerte einiger Fette (Hennig, 1972)

Pflanzliches Fett	mg/100 g	Tierisches Fett	mg/100 g
Baumwollsamenöl	80–100	Rinderfett	1
Erdnussöl	26–59	Schweineschmalz	0,32–2,7
Leinöl	50–100	Hammeltalg	0,5
Maiskeimöl	100–250	Milch	0,05–0,2
Rüböl	50	Sommerbutter	bis 4,2
Sojaöl	90–280	Winterbutter	1,7–3,0
Sonnenblumenöl	70	menschliches Fett, subkutan	30–65
Weizenkeimöl	175–550		

Zu den Antioxidantien gehören auch Gewürze und Kräuter wie zum Beispiel Rosmarin, Majoran und Bohnenkraut.

Tierische Fette werden nicht pur verfüttert, können aber in pelletiertem Futter vorhanden sein. Zu denken ist dabei an Spezialmischungen für Tauben im Training und während der Wettflüge.

Mittlerweile gibt es eine Vielzahl von chemischen Verbindungen mit Wirkungen, die eine Oxidation stark verzögern oder ausschließen können.

Grenzen des Futtereinsatzes

Wenn man sich nicht klar ist und wenn niemand Bescheid weiß, ob ein fragliches Futtermittel geeignet ist, sollte man nach Informationen suchen oder noch besser die Finger von unklaren Angelegenheiten lassen.

Wie viel Futter sollen Tauben von den einzelnen Komponenten bekommen oder wo liegen die Höchstgrenzen? Auch dazu findet man Rat bei Engelmann und Hartmann.

Futtermittel für Tauben und ihre Grenzwerte im Einsatz (Angaben in %) (nach Engelmann, 1956, und Hartmann, 1986)

	nach Engelmann	nach Hartmann	
		Optimum	Grenzwerte
Weizen	60	10	5–50
Roggen	60	10	5–50
Gerste	25	10	5–25
Hafer (ungeschält)	25	10	5–25
Hafer (geschält)	–	10	5–50
Mais	15	10	10–30
Reis	–	5	5–20
Reis (geschält)	–	5	5–20
Milokorn	–	5	5–20
Buchweizen	–	4	5–10
Wicken	65	25	10–65
Futtererbsen	25	10	5–25
Ackerbohnen	25	10	5–25
Sojabohnen	25	5	5–25
Sonnenblumenkerne	5	2,5	1–5
Lein	5	2,5	1–5
Hanf	3	2,5	1–5
Raps	5	2,5	1–5
Unkrautsämereien	–	5	1–10
Eicheln		25	25–50
Möhren	–	1	1–3
Kartoffeln	–	25	25–50
Pellets	–	10	10–100
Kleien	–	30	10–60
Sojaextraktionsschrot	–	10	5–50
Trockenhefe	–	3	1–5
Süßlupinen	–	10	–

Es gibt bekanntlich Pflanzen, die keine Giftstoffe im eigentlichen Sinne enthalten, aber trotzdem anderweitig durch bestimmte, eventuell schlecht schmeckende Inhaltsstoffe nicht aufgenommen werden.

Man unterscheidet im Wesentlichen zwei Formen von Mais. Während der energiereichere gelbe Mais eher eine der „Heizanlagen" der Tauben darstellt und außerdem sehr karotinreich ist, zeigt sich der weiße Mais nicht ganz so energiereich und ist auch eher karotinarm.

Von den genannten Stoffen können vor allem Milokorn, Roggen, Ackerbohnen, Süßlupinen und Extraktionsschrote zu akuten Problemen führen. Zu bemerken ist, dass Erdnussextraktionsschrote bestenfalls nur in Pelletmischungen zum Einsatz kommen und nicht als einzelnes Produkt. Grund ist der mit hoher Wahrscheinlichkeit auftretende Befall mit Aflatoxinen. Die Krebsgefahr ist dabei für Mensch und Tier gegeben. Gefährlich ist auch das Mutterkorn. Wenn es häufig auftritt, kommt es zu den allgemein bekannten Erscheinungen. Dabei reicht die Spannweite von allgemeinem Unwohlsein bis zu Sehstörungen und starken Schmerzen.

Vergleicht man die Empfehlungen aus der Rassegeflügelliteratur mit den Empfehlungen der Wirtschaftsgeflügelforscher, stellt man fest, dass es gewisse Unterschiede gibt. Inwieweit sie berechtigt sind, bleibt oft unbekannt. Exakte Versuche dazu fehlen noch. Aber im Zweifelsfall sollte zugunsten des geringeren Risikos ausgewählt werden.

In eigenen Untersuchungen und Beobachtungen konnte festgestellt werden, dass bei einigen angegebenen Grenzwerten höhere Anteile möglich sind. Es ist bei Hanf und Wicken eher eine Frage der Kosten für den fraglichen Futterstoff als eine Frage des Vertragens durch die Tiere.

Einsatzgrenzen verschiedener Futtermittel (nach Jeroch, 1999)

Futtermittel	Ursachen für Restriktion	Anteile in % im Alleinfutter für	
		wachsendes Hühnergeflügel	Legehennen
Gerste	B-Glugan	10–20	40–50
Hafer	B-Glugan	30–40	
Milokorn	Tannine	20	10
Roggen	Pentosane, B-Glugan	5–15	20
Triticale	Pentosane	20–30	30
Weizen	Pentosane	30	
Futtermehle, Nachmehle von Roggen	Konsistenz	5–15	15
Futtermehle, Nachmehle von Weizen	Konsistenz	15	20
Kleien	Energiegehalt, Pentosane	10	20

Futtermittel	Ursachen für Restriktion	Anteile in % im Alleinfutter für	
		wachsendes Hühnergeflügel	Legehennen
Kartoffelflocken	Kalium, Eiweißqualität	20	40
Maniokmehl	cyanogene Glykoside	10	15
Ackerbohnen	Tannine, Vicin	20	10
Erbsen	Tannine	20	20
Süßlupinen	Lupinin	20	10–20
Rapsextraktionsschrot aus 00-Raps	Sinapin, Glukosinolate	15	10
Baumwollextraktions-schrot	Cossypol	3	0
Erdnussextraktionsschrot	Mykotoxine	0	0
Leinextraktionsschrot	Linamarin	2	3
Futterhefe	Nucleinsäuren	8	8
Maiskleberfutter	Eiweißqualität	15	25
Fischmehl	Polyenfettsäuren	8	8
Magermilchpulver	Laktose	4	5
Grünmehl	Saponine	10	0

Auch da gibt es Widersprüchliches: Die Rassegeflügelzüchter lassen bis 25 % Ackerbohnen zu und die Wirtschaftsgeflügelzüchter nur bis 10 %. Dieses lässt sich fortsetzen.

Gehalt an unerwünschten Stoffen in den Ölextraktionsschroten (nach Jeroch)

Art des Schrotes*	unerwünschte Inhaltsstoffe
Erdnuss	Aflatoxine
Soja	Trypsininhibitoren
Baumwollsaat	Gossypol
Raps	Senfölglykoside
Leinsaat	Linamarin (Blausäure)
Kakao	Theobromin, Alkaloide

* unter Verdacht stehen: Sonnenblumen-, Kokos-, Palmkerne und Sesam

Wenn man für Tiere in der landwirtschaftlichen Produktion einen Futterplan erstellt, gibt es Bedarfswerte, die man nachlesen und benutzen kann. Für Tauben sind derartige Werte kaum oder nicht bekannt. Eine wichtige Frage ist die nach dem möglichen Luxuskonsum. Es gibt dazu Forderungen und Meinungen der „Altmeister“ der Taubenzucht. Danach soll man die Tauben zu mehreren Zeiten am Tag mit kleineren Futterportionen versorgen. Dabei soll alles aufgefressen werden.Die Frage bleibt: Was und wie viel brauchen die Tauben? Wenn es keine Vorgaben gibt, muss man selbst probieren, was geht und was nicht oder was gefressen wird und was nicht.Gut ist es, wenn man Anhaltspunkte hat. Es gibt ausreichend Vorschläge zur Gestaltung von Rationen. Nicht immer basieren sie auf fundiertem Wissen.

Die gezeigte Vielfalt ist erheblich und es werden dieser Aufstellung noch zahlreiche Beispiele folgen. Bemerkenswert ist die Streubreite im Rohproteingehalt. Beim Zuchttierfutter reicht er bei Fangauf von 12 % bis zu 20 % bei den von Engelmann gefundenen Werten (im Anhang). Aus den Literaturwerten geht nicht hervor, ob es sich um Futter für Volierentiere oder Tauben mit Freiflug handelt. Auf alle Fälle wird die enorme Vielfalt demonstriert.

FÜR ALLE GEEIGNETES FUTTER

Es ist kaum möglich, allgemein gültige Rezepturen aufzustellen. Wir haben zum Beispiel in der Zuchtsaison gleichzeitig Paare mit jüngeren und älteren Küken, Paare in der Brut und solche ohne Jungtiere. Es muss also ein Futter genutzt werden, das für alle etwas enthält. Andererseits könnte man einiges zur freien Verfügung hinstellen.

Futterwertberechnungen – Entwicklung eigener Rezepturen

Es ist wichtig, die Mischungen für die Tauben bedarfsgerecht zu gestalten. Man kann sich recht gut selbst helfen und auch mit fertigen Mischungen noch etwas anderes machen, wenn man der Meinung ist, dass das notwendig ist. Um nicht zu übertreiben, sollte man die neue Zusammensetzung prüfen. Es könnte ja bei Schätzungen über den Daumen gerade zum Gegenteil einer Steigerung kommen. An einem Beispiel soll das beschrieben werden:

Für die Tauben stehen folgende Futtermittel zur Verfügung: Mais, Weizen, Erbsen und Sonnenblumenkerne. Ziel ist es, auf einen Eiweißgehalt von etwa 18 % zu kommen. Aus der Futterwerttabelle sucht man sich ein paar wichtige Angaben heraus, die noch gebraucht werden. Der Einfachheit halber stellt man die Berechnungen in einer Tabelle dar.

Aus der Zusammensetzung der Komponenten ist zu ersehen, dass es sich bei den zu fütternden Tauben um mindestens feldtaubengroße Tiere handelt. Man hat aber hier die Möglichkeit, für kleinere Rassen kleinkörnigeren Mais zu verwenden, ebenso sind kleine Erbsen mit gutem Gewissen einzusetzen.

Wie wird das praktisch berechnet?

Wenn man weiß, welche Futtermittel zur Verfügung stehen, sucht man sich die Werte für den Roheiweißgehalt, für Energie und Rohfett usw. der fraglichen Futtermittel heraus. Wenn die Futtermittelwerte gefunden sind, legt man erst einmal fest, welcher Anteil von jedem Futtermittel in der fertigen Mischung sein könnte. Als erste Variante werden 20 bzw. 30 % angesetzt. Nun kommt die eigentliche Berechnung. Bei der ersten Komponente – dem Mais – nehme ich den Tabellenwert von 9,4 und multipliziere ihn mit dem angenommenen Anteil von 20 %. Da ich den prozentualen Anteil in der Mischung benötige, muss ich den Multiplikationswert durch 100 teilen. Das mache ich für alle vier Komponenten und erhalte, wenn ich alle Berechnungen abgeschlossen und die Summe von den vier Werten habe, einen Roheiweißgehalt von 17,5 %. Da ich aber 18 % Roheiweißgehalt in der fertigen Mischung angestrebt habe, muss noch einmal korrigiert werden. Wie zu sehen, wurden beim Getreideanteil je 2 % gekürzt und bei Erbsen und Raps je 2 % hinzugefügt. Das Ergebnis kann man so stehen lassen, denn 17,98 liegt nur unwesentlich unter 18 %.

Als wichtiger Faktor muss auch der Energiegehalt (MJ/kg) der Mischung überprüft werden, was rechnerisch mit den Daten für die umsetzbare Energie erledigt werden kann.

Berechnung von Futterrationen für ein Körnerfutter mit etwa 18 % Roheiweißgehalt

		Variante 1		Variante 2	
Komponente	Roheiweiß im Futter in %	Anteile in %	Roheiweiß in %	Anteile in %	Roheiweiß in %
Mais	9,4	20	1,88	18	1,69
Weizen	11,4	20	2,28	18	2,05
Erbsen	22,2	30	6,66	32	7,10
Raps	22,3	30	6,69	32	7,14
Σ		100	17,51	100	17,98

Zur Beachtung: Die Anteile der Komponenten müssen jeweils insgesamt 100 % betragen. Es ist sinnvoll, gleich noch den Energiegehalt des Futters zu ermitteln. Hier geht es nicht darum, vordergründig etwas in der Rezeptur, hier die Variante 2, zu verändern. Aber es könnte doch notwendig sein, falls die umsetzbare Energie wesentlich von der Norm abweicht.

Umsetzbare Energie in der Mischung

Komponente	Energie im Futterstoff	Anteil	Energie in der Mischung
Mais	13,9 MJ/kg	18 %	2,50 MJ/kg
Weizen	12,7 MJ/kg	18 %	4,06 MJ/kg
Erbsen	12,3 MJ/kg	32 %	3,94 MJ/kg
Raps	12,3 MJ/kg	32 %	2,21 MJ/kg
Σ		100 %	12,71 MJ/kg

Die Angaben aus der Futterwerttabelle sind recht genau und für viele Jahre nutzbar. Allerdings geht es nicht ohne Veränderungen ab, wenn man einst von den Stärkewerten ausging, zwischendurch bei energetischen Futterwerten ankam und jetzt mit der umsetzbaren Energie rechnet.

Noch einfacher geht die Futterberechnung bei Nutzung eines PC mit Kalkulationsprogramm, wie zum Beispiel Excel. Man kann natürlich auch fertige Programme zur Futterberechnung verwenden.

Futterwerttabelle für übliche Taubenfutterkomponenten (nach Mackrott, 2000, ergänzt)

	Trocken-substanz in %	Roh-asche in %	Roh-eiweiß in %	Roh-fett in %	Roh-faser in %	NFE* in %	Stärke in %	Zucker in %	MJ/kg
Bohnen	86,8	3,6	26,9	1,2	7,7	47,4	45,2	3,4	12,6
Buch-weizen	88,0	3,5	11,7	–	–	–	–	–	–
Kardisaat	90,0	3,3	22,0	30,0	30,0	4,7	1,5	2,2	14,2
Dari (weiß)	87,0	1,7	10,3	2,9	1,9	70,0	50,2	–	11,1
Eicheln (geschält)	88	3,0	7,9	5,4	6,7	77,0	–	–	–
Erbsen	85	3,0	22,2	1,2	5,8	52,8	42,2	5,7	12,3
Erdnüsse	5,2	2,4	28,0	47,8	3,5	12,3	0,0	1,8	16,5

	Trocken-substanz in %	Roh-asche in %	Roh-eiweiß in %	Roh-fett in %	Roh-faser in %	NFE* in %	Stärke in %	Zucker in %	MJ/kg
Gerste	87	2,3	10,2	1,9	4,7	67,7	52,7	2,4	11,3
Hafer	88,7	22,9	12,0	4,7	9,5	59,8	38,6	1,6	10,1
Hafer (geschält)	88	2,1	13,9	5,9	2,5	63,6	53,5	1,4	13,5
Hanf	91	2,4	21,0	31,6	18,0	15,9	60	6,5	12,1
Hirse	88,0	2,9	11,4	4,0	4,5	65,2	51,9	0,7	15,4
Leinsaat	88,0	4,3	21,8	32,1	6,3	23,5	0,0	3,2	17,6
Mais	87,6	2,4	9,4	4,1	2,4	69,1	53,5	1,4	13,9
Milokorn	87,0	1,7	10,3	2,9	1,9	70,0	50,2	1,0	11,1
Rapssaat	90,0	4,7	22,3	40,8	7,7	14,5	0,2	7,8	12,1
Reis (poliert)	88	1,7	8,0	4,1	3,8	70,4	62,0	4,1	14,6
Rohreis	91,3	5,3	8,6	2,2	8,7	63,5	56,5	5,3	15,8
Soja-bohnen	88,0	4,0	35,5	17,0	5,2	25,1	4,7	6,7	13,6
Sonnen-blumen-kerne	88,0	2,9	6,8	31,5	21,4	15,4	0,0	0,0	14,3
Sonnen-blumen-kerne (geschält)	88,0	3,5	24,3	45,2	3,0	12,0	0,0	0,0	18,8
Speiseöl	99	0	0	99	0	0	0	0	86,1
Weizen	87	1,8	11,4	1,8	2,3	69,5	57,2	3,3	12,3
Wicken	88,0	3,2	29,1	1,6	3,7	48,4	28,4	3,7	10,3

* FNE = Fettfreie Extraktstoffe

Wenn es darum geht, Pellets zur Fütterung der Tauben herzustellen, kann auf etliche Futterstoffe zurückgegriffen werden, die man bei normaler Fütterung nicht mit verabreichen würde. Das sind vor allem die Extraktionsschrote von Lein, Soja und Raps. Dazu kommen noch die anderen in den Tabellen aufgeführten Futterwerte.

Mit dieser Methode kann man selbst den Futterwert bestimmen oder selbst Mischungen entwickeln.

Veränderungen der Inhaltsstoffe in Rezepturen können notwendig werden. Im folgenden Beispiel sollen Rapsextraktionsschrot und Futterhefe ersetzt und der Rohproteingehalt erhöht werden. Ziel sind 18 % Rohprotein.

Die Entfernung von Rapsextraktionsschrot und Futterhefe ist die erste Aktion. Die einfache Auffüllung reicht nicht aus. Es müssen eiweißreichere Futtermittel eingesetzt und ergänzt werden.

Veränderung der Zusammensetzung von Futtermischungen

	A 34	A 34 Variante 1	A 34 Variante 2
Weizen	15 %	20 %	10 %
Gerste	15 %	15 %	12 %
Hafer	15 %	15 %	20 %
Mais	15 %	15 %	10 %
Wicken	20 %	20 %	18 %
Erbsen	–	–	15 %
Ackerbohnen	15 %	15 %	15 %
Rapsextraktionsschrot	4 %	–	–
Futterhefe	1 %	–	–
Rohprotein	14 %	13 %	18 %

Das Ergebnis bringt 18 % Rohprotein. Damit kann man zufrieden sein.

Rapsextraktionsschrot und ähnliche Produkte (siehe nachfolgende Tabelle) sind wertvolle Futterstoffe, die vor allem im Pressfutter bei Tauben ihre Bedeutung haben. Die Rezepturen müssen aber gut sein, um die Tauben nicht einseitig zu ernähren und eventuell eine Verfettung zu bewirken.

Industrielle Nebenerzeugnisse

	Trockenmasse	Rohprotein	ME
Bierhefe	900 g	468 g	1152 MJ
Leinextraktions-schrot	890 g	341 g	8,39 MJ
Maiskleberfutter bis 23 % RP	900 g	198 g	7,88 MJ
Maiskleberfutter 23–30 % RP	890 g	232 g	8,05 MJ
Rapsextraktions-schrot	890 g	361 g	8,30 MJ
Sojaextraktions-schrot	880 g	451 g	9,89 MJ
Weizenkleber	910 g	766 g	13,27 MJ
Weizenkleie	880 g	140 g	6,99 MJ

Unter „sonstige Futtermittel“ sind auch Stoffe dabei, die eiweißfrei sind. Für spezielle Untersuchungen sind sie notwendig und können auch bei Tauben als Handaufzuchtfutter dienen bzw. können andere Komponenten ersetzen. Ein wertvoller Futterstoff ist auch die Hefe. Es gibt spezielle Futterhefen mit einem beachtlichen Roheiweißgehalt.

Sonstige Futtermittel

	Trockenmasse	Rohprotein	ME
Maisöl	999 g	0 g	36,26 MJ
Schweineschmalz	999 g	0 g	34,00 MJ
Sojaöl	999 g	0 g	36,95 MJ
Futterzucker	990 g	14 g	16,48 MJ
Grünmehl	900 g	166 g	5,00 MJ
Haferfutterflocken	910 g	126 g	14,68 MJ
Lebertran	999 g	0 g	24,67 MJ
Maisstärke	880 g	7 g	14,59
Maniokmehl	880 g	23 g	12,38

Wer über einen PC oder Laptop verfügt, dem ist es möglich, sich mittels eines Kalkulationsprogrammes wie Excel ein einfaches Programm zu erstellen, wo er dann bei der Futterplanung nur noch die prozentualen Mengen einzutragen hat und das Ergebnis sofort ablesbar ist. Die Eingabefelder sind in der Mitte liegend und farbig markiert.

Beispiel für eine Tabellenkalkulation

	RP %	ME MJ	RFett %	RFas %	%	RP %	ME MJ	RFett %	RFaser %
Bohnen	26,9	12,6	1,2	7,7	10	2,69	1,26	0,12	0,77
Kardisaat	22	14,2	30	30	0	0	0	0	0
Dari (weiß)	10,3	11,1	2,9	1,9	0	0	0	0	0
Erbsen	22,2	12,	1,2	5,8	15	3,33	1,85	0,18	0,87
Erdnüsse	28	16,5	47,8	3,5	0	0	0	0	0
Gerste	10,2	11,3	1,9	4,7	5	0,51	0,57	0,10	0,24
Hafer	12	13,5	5,9	2,5	0	0	0	0	0
Hafer (geschält)	13,9	13,5	5,9	2,5	0	0	0	0	0
Hanf	21	12,1	31	18	0	0	0	0	0
Hirse	11,4	15,4	4	4,5	0	0	0	0	0
Leinsaat	21,8	17,6	32,1	6,3	5	1,09	0,88	1,81	0,32
Mais	9,4	13,9	4,1	2,4	25	2,35	3,48	1,03	0,60
Milokorn	10,3	11,1	2,9	1,9	0	0	0	0	0
Rapssaat	22,3	12,1	40,5	7,7	10	2,29	1,21	4,08	0,77
Reis (poliert)	8	14,6	4,1	3,8	0	0	0	0	0

	RP %	ME MJ	RFett %	RFas %	%	RP %	ME MJ	RFett %	RFaser %
Rohreis	8,6	15,8	2,2	8,7	0	0	0	0	0
Sojabohnen	35,5	13,6	17	5,2	0	0	0	0	0
Sonnenblu-menkerne	6,8	14,3	31,5	21,4	0	0	0	0	0
Sonnenblu-menkerne (geschält)	24,3	18,8	45,2	3	15	3,65	2,82	6,78	0,45
Weizen	11,4	12,3	1,8	2,3	15	1,71	1,85	0,27	0,35
Wicken	29,1	10,3	1,8	3,7	0	0	0	0	0
					100	17,6	13,9	14,2	4,4

Wer und was beeinflusst den Futterbedarf?

Der Futterbedarf der Tauben ist von zahlreichen Faktoren abhängig. Das ist bei allen Tierarten oder Rassen der Fall. Es lässt sich manches verallgemeinern. Im Einzelfall muss man aber versuchen, alle Feinheiten zu erfassen und entsprechend in der Praxis anzuwenden.

Wie schon angedeutet, fehlen über die Tauben auf weiten Gebieten jegliche wissenschaftlich fundierte Kenntnisse – vieles liegt da im Dunstkreis des Halbwissens. Das lässt sich auch ganz gut zu barer Münze machen. Bei vielen anderen Haustieren, speziell auch beim sonstigen Geflügel, angefangen bei den Wachteln, ist da wesentlich mehr untersucht und damit bekannt. Und dort geht es ohne Wundermittel.

Die wichtigsten Faktoren sind nachfolgend zusammengestellt. Es soll versucht werden, auch beim Problemkreis „Futterbedarf" durch Nutzung von Fakten anderer Tierspezies aus dem Geflügelbereich fündig zu werden.

FAKTOREN, DIE BEIM GEFLÜGEL INSGESAMT AUF DEN FUTTERBEDARF WIRKEN

- Der Genotyp wird festgelegt durch: Rasse – Typ – Inzucht – Heterosis – Selektion – Alter – Geschlecht – Sexualstatus
- Umwelteffekte kommen von: Licht – Temperatur – Luftfeuchtigkeit – Luftdruck – Strahlung – belebte Umwelt
- Haltungsfaktoren sind:
  Bodengestaltung – Schlageinrichtung – Schlaggröße – Besatz
- Fütterungsfaktoren:
  Art der Nahrungsmittel und deren Herkunft: Wasser – Eiweiß – Fette – Kohlenhydrate – Vitamine – Mineralstoffe – Fütterungstechnik – Fütterungsverfahren

Genotyp plus Umwelt = Phänotyp (eines Tieres bzw. einer Tiergruppe)

Es sind zahlreiche Faktoren, die auf das fragliche Tier oder die Tiergruppe einwirken und den möglichen Futterverbrauch insgesamt bestimmen. Man kann nicht alle Faktoren in den Vordergrund stellen, aber eine ganze Reihe messen oder versuchen, sie optimal zu gestalten. Gemessen werden können die Temperatur, die Luftfeuchtigkeit oder die Menge und die Qualität der Komponenten. Auf ein paar wesentliche Faktoren aus dem Bereich Genotyp und Umwelt wird im Weiteren eingegangen.

Man kann die Faktoren nicht einzeln und losgelöst von anderen Einflüssen sehen, sondern man muss sie im Zusammenhang betrachten. Man spricht auch von Genotyp-Umwelt-Wechselwirkungen. Ein Beispiel dazu findet man bei der Nutzung von Futterstoffen und ihrer Wirkung auf die Gefiederfärbung. Die Sinnesleistungen gehören zu den genetisch festgelegten Wirkungen.

Durch die Wahl des richtigen Futters kann auch die Gefiederfärbung beeinflusst werden (hier Fränkische Samtschilder blaufahl mit dunklen Binden und gelb).

Selbst bei den nahen Körnern im Futtertrog wird das einzelne Korn erst im letzten Augenblick erfasst. Wenn die Tiere sehr hungrig sind, können sie nicht wild drauflos fressen, sondern müssen jedes Korn fixieren und aufnehmen. Bei Hunger geht das aber dann etwas schneller.

Sinnesleistungen der Tauben

Die Augen sind die wichtigsten Organe bei der sinnlichen Wahrnehmung der Umwelt durch die Tauben. Es wird angenommen, dass Tauben ein großes flächiges Sehvermögen haben. Räumliches Sehen ist nur unmittelbar vor dem Schnabel möglich. An dieser Stelle überlappen sich beide Gesichtsfelder und ein Stereobild ist wirksam, das speziell für die Erfassung von Fressbarem eingerichtet ist. Ansonsten hat jedes Auge einen Sehwinkel von 160°.

Die Erfassung der Entfernung zu einem für die Tauben interessanten Ort in der Umgebung ist auch begrenzt, wie nachstehend zu sehen ist.

Maximale Sichtweite beim Geflügel in Meter (nach Engelmann, 1961)

Objekt	Tauben	Gänse	Enten	Huhn	Zwerghuhn
Maiskorngruppe	6	8	4	6	6
Maiskorn	4	3	3	5	4
Weizengruppe	3	3	2	5	3,5
Weizenkorn	1,0	1,0	0,7	1,3	1,0
Teller	8	35	15	15	10

Wie eben angedeutet, wird mit dem „Stereoblick“ das zu fressende Korn genau bildlich erfasst. Zahlreiche Tastkörperchen sind im Schnabel- und Rachenraum angesiedelt. Damit wird das Korn genau identifiziert. Nach Oberflächenbeschaffenheit, Härte und Höhe erfolgt eine Kontrolle.

Tauben erkennen dabei Weizen und Gerste, wobei sie den Weizen bevorzugen. Sie erkennen natürlich nicht nur diese beiden, sondern alle angebotenen einzelnen Futterstoffe. Ähnlich reagiert das Huhn. Die beiden Wassergeflügelspezies wiederum bevorzugen den Weizen nicht.

Tauben sind Geschmacksexperten. Teilweise können sie geschmacklich exakter das zu verzehrende oder zu prüfende Futter herausfinden. Eigenartigerweise schmecken die Körnerfresser das Bitteraroma nicht als Negativgeschmack heraus.

Süßes wird erst erfasst, wenn es schon relativ kräftig süß ist. Die Abgrenzung von süß und bitter ist problematisch. Sauer wird schon bei relativ niedrigem Niveau erfasst. Bei Salzsäure und Natriumchlorid reagieren Tauben bereits auf die niedrigste Konzentration.

Schmeckbereich bei Geflügel (nach Engelmann, 1961)

Schmecklösung	Tierart	Ausdehnung des Schmeckbereiches in Mol
Natriumchlorid	Taube	0,1–0,2
	Gans	0,06–0,5
	Ente	0,2–0,5
	Huhn	0,2–0,8
Salzsäure	Taube	0,009–0,02
	Gans	0,009–0,05
	Huhn	0,025–0,1
Magnesiumchlorid	Gans	0,06–0,48
	Ente	0,12–0,48
	Taube	0,14–1,0
	Huhn	0,24–0,6

Der Schmeckbereich zeigt eine abwärtsgerichtete Tendenz, was sich auch in der Anzahl an Geschmacksknospen zeigt. Tauben haben 3300 Sinneszellen in 50 bis 75 Geschmacksknospen, das Huhn weist 1125 Sinneszellen in ebenfalls 50 bis 75 Geschmacksknospen auf.

Ein wichtiger Sinn ist der Geruchssinn. Das trifft auf Tauben wie auf Menschen zu. Beim Menschen gibt es bei der Krankheit Morbus Parkinson einen Verlust des Geruchssinnes. Das ist letztlich auch schwer bei Tieren zu erfassen. Es wird angenommen, dass der Geruchssinn bei Geflügel allgemein und speziell bei Tauben eine geringe Bedeutung hat. Das Temperaturgefühl gehört mit dazu. Wir wissen, dass Tauben bei niedrigen Temperaturen einen erhöhten Futterverbrauch haben. Gleichfalls spielt der Temperatursinn bei der Brut eine große Rolle.

Das Gedächtnis ist bei der Futtererkennung von Bedeutung. Das Tier muss aber schon einige Monate alt sein. Dies trifft aber nur für die Hühner zu. Bei Tauben ist wenig zur Erinnerungsfähigkeit bekannt.

Es scheint dabei Rassenunterschiede zu geben. Brieftauben haben ein längeres Erinnerungsvermögen als andere Genotypen. Das zeigt sich auch bei der Neuverpaarung nach Verlust eines Partners. Brieftauben benötigen wesentlich mehr Zeit bis zur Neuverpaarung als andere Tauben.

Auch die Temperatur beeinflusst den Futterbedarf. Diese Taube sorgt in der Hitze für eine bessere Belüftung des Gefieders durch Anheben der Flügel.

Futter und Farben

Bei den Feinheiten der Farbausprägung muss man sowohl den genetischen Anteil als auch den Umweltanteil beachten. Man kann nicht alles auf die Genetik setzen und auch nicht alles auf die Umwelteffekte. Man muss mit Fingerspitzengefühl an diese Sache herangehen. „Viel hilft viel" ist hier nicht die Methode, die zum Ziel Ausstellungserfolg führt. Und es gibt eine ganze Reihe von Fakten, die klar belegen, dass man Futter zur Steuerung der Ausfärbung nutzen kann.

Es sind Umwelteffekte, die dabei zum Tragen kommen können. Wichtige Umwelteffekte sind die spezifischen Futtermittel – und da ist Weizen nicht gleich Weizen oder Mais nicht gleich Mais.

Ein wichtiger Hinweis für den Gefiederglanz der Tauben sind die sogenannten Schmalzkiele. Diese Schmalzkiele sind letztlich eine Mutation in der Federform. Sie sind an den Seitenflanken zu finden. Diese entwickeln sich nicht normal, sondern bleiben vor Öffnung der Fahnen weitgehend geschlossen. Besonders bei den fränkischen und Nürnberger Rassen sind die Glanzfarben mit Schmalzkielen gekoppelt. Die Nürnberger Schwalben sind ganz besonders dafür berühmt und sie werden auch wegen ihres Gefiederglanzes als Samtschwalben bezeichnet.

Die Intensität der Farbstoffe in den Futtermitteln ist sehr unterschiedlich. Das zeigt sich deutlich bei der Wirkung der Karotinoide. Ihre Menge im Futter beeinflusst nicht wenig die Intensität der Federfarben beispielsweise bei den rezessiv roten und gelben Tauben.

Bei den fränkischen und Nürnberger Farbentauben ist auffällig, dass sie zweiringige rote Augenringe und teilweise einen hellen, sichtbar gut durchbluteten Schnabel haben. Noch eine Besonderheit ist den lackreichen Tauben eigen: Sie sind in der Regel nicht weißbindig. Es scheint da einen Zusammenhang zu geben zwischen Federglanz, Schmalzkielen und der Möglichkeit, weiße Binden in guter Qualität zu erreichen. Allerdings gibt es eine Ausnahme: Bei den Fränkischen Samtschildern gibt es den blauen Farbenschlag mittlerweile mit weißen Binden.

Diese Rassen benötigen karotinhaltiges Futter, um den Schmalzkielfaktor voll zur Wirkung zu bringen. Das kann über Mais erfolgen, wenn es eine Sorte ist mit hohem Karotinpegel. Dazu gehören Rotmais und andere Maissorten, die diesen Farbstoff überdurchschnittlich hoch tragen.

Aber auch bei Tauben, die dunklen Augenrand haben müssen, sind kräftig gefärbter Mais sowie Raps, Hanf und Sonnenblumenkerne günstig einzusetzen.

Beim Hühnergeflügel gibt es ebenfalls Farbprobleme. Speziell für die Dotterfarbe gibt es geeignete natürliche Farbstoffe. Aber auch für die Steuerung der Fettfarbe bei Mastgeflügel sind diese Farbstoffe wirksam. Die wichtigsten Farben bei der Dotterfärbung sind das Lutein als gelbe Farbe und das Zeaxanthin als Vertreter der orangegelben Farbe. Nachstehend

Schmalzkiele fördern die Intensität der Farbe.

sind die wichtigsten Farbstoffträger zusammengestellt und ihr Anteil aufgezeigt. Es kann manchmal nicht schaden, wenn man mal sieht, wie die Hühnerzüchter den Farbwünschen bei Lege- und Masttieren nachkommen.

Karotinoidgehalt der wichtigsten natürlichen Farbstoffträger (nach Jeroch und Flachowski, 1971)

	Gesamtxanthophyll*	Lutein*	Zeaxanthin*
Paprika	853	51	125
Luzernegrünmehl	289	217	20
Maisklebermehl	153	87	37
Seetangmehl	55	5	24
Platamais	28	4	17
Gelbmais	17	10	4

* in mg/kg lufttrockener Substanz

Deutlich hebt sich der Paprika-Farbstoffgehalt von der Menge ab und die Zeaxanthinwerte sind bei ihm am höchsten. Demgegenüber ist der Luteinanteil bei Luzernegrünmehl am höchsten.

Diese Fakten kann man auch für die Tauben anwenden. Letztlich spielen für die Geflügelwirtschaft die Kosten eine wesentliche Rolle und da muss der Hersteller von Legehennenfutter zwischen den Wünschen der Käufer bezüglich der Farbintensität und dem Futterpreis abwägen. Für die Geflügelwirtschaft ist schon der Bruchteil eines Cent je Ei wichtig für die Rentabilität.

Natürlich werden die Tauben in der Regel nicht mit einfachen Zusatzgaben in einem Futtertrog mit Xanthinen versorgt. Sie müssten das Färbefutter ins Futter gemischt oder in Pellets eingepresst bekommen. Es ist sicher für den Züchter einfacher, geeigneten Mais zuzugeben wie Platamais und Rotmais.

Neben den roten Augenringen sind bei anderen Rassen andere Augenringfarben als ein Ziel der Zuchtrichtlinie anzusehen. Man findet auch solche Beschreibungen wie fleischfarben bis rot, schwarz, bläulich grau oder blass und das lässt sich fortsetzen.

Auch hier kann man steuernd eingreifen. Es gibt natürlich auch innerhalb einer Rasse Unterschiede in der Augenringfarbe. Das resultiert in der Regel aus der Gefiederfarbe, an die die Augenringfarbe gebunden ist.

Nicht vergessen darf man aber, dass nur das verbessert werden kann, was zumindest in Ansätzen schon vorhanden ist. Mit Futter kann man die Feinheiten herausholen, aber keine Genreparatur erreichen.

Wenn man einmal weit vor der Ausstellungssaison testen will, was man mit dem roten Farbstoff erreichen kann, sollte man Paprikapulver (edelsüß) verwenden und sich die benutzten Mengen notieren. Einfach „bloß mal rumzuprobieren" bringt wenig, wenn man nicht die Ergebnisse reproduzierbar macht. Auch hier gilt also: „Wer schreibt, der bleibt."

Bei Tauben mit dunklen Augen, wobei die Iris betroffen ist, kann es durch zu viel Farbstoff zu gebrochenen Augen kommen. Dabei ist anstelle der dunkelbraunen Iris ein Teil gelblich bis rötlich gezeichnet, was dann zu den „gebrochenen" Augen führt.

Ebenso kann die perlfarbige Irisfärbung gelbe und rote Fasern aufweisen und damit ein wichtiges Merkmal stark verändern. Die Folge ist, dass das Tier für Ausstellungen unbrauchbar ist. Die gebrochenen Augen haben ihre Ursache mit großer Wahrscheinlichkeit nicht im karotinhaltigen Futter.

Bei bestimmten Farbenschlägen einzelner Hühnerrassen gibt es auch die Möglichkeit, die Farbintensität des Gefieders zu steuern. Speziell bei gelben und roten Hühnerrassen wirken ähnliche Farbgeber wie bei Tauben. Es sind Farbenschläge mit dem Columbiafaktor, der am Halsbehang und am Schwanz eine schwarze Pigmentierung hervorruft, die aber von den gelb-roten Farbstoffen überdeckt werden kann. Die dunkelste Rasse sind die Rhodeländer. Diese haben auch den höchsten Pigmentanteil. Bei den New Hampshire liegt der Anteil bei 24 % und bei den gelben Orpington bei nur 7,5 % der Farbstoffmenge der Rhodeländer (100 %).

Es werden spezielle Mischungen für helle Rassen angeboten, die auf pigmenthaltige Futtermittel wie einige Maissorten und Milo verzichten. Zu den hellen Rassen gehören alle eisfarbigen, wie zum Beispiel Forellentauben, und bestimmte silberfarbige Typen, wie Coburger Lerchen, dazu. Mit diesen Futtermitteln werden die Feinheiten „herausgekitzelt“ und sie ergeben das Pünktchen auf dem i.

Bei hellen Rassen, wie hier eine Coburger Lerche (silber mit Binden), wird auf pigmenthaltige Futtermittel verzichtet.

Bei schwarzen Tauben wird in der Regel ein grünlich purpurner Glanz gefordert. Auch da sind Selektion und Fütterung die wichtigsten Faktoren. Es kommt jedoch noch die Federstruktur hinzu, die durch Reflexion sowie Dispersion und Absorption geprägt wird. Hier nützt allein die Fütterung energiereichen Futters wenig. Die Schwarzfärbung wird generell von Melanin gesteuert und da gibt es durch Melaninabkömmlinge auch andere Farbengrundlagen.

Für kurzschnäbelige Rassen kann man fast alles füttern, aber keine Erbsen und keinen Mais sowie alles, was noch größer ist. Für mittelgroße und kleine Tauben ist kleiner Mais gut geeignet. Mischungen für Tauben mit hellen Augenringen enthalten in der Regel keinen Mais.

Futterwahl oder was fressen Tauben gern?

Es gibt auf diesem Gebiet kaum neuere Beiträge und Mitteilungen in der Fachliteratur. In Deutschland hat sich der Rostocker Wissenschaftler Dr. Engelmann schon vor mehr als 50 Jahren verdient gemacht. Er war in den Fünfzigerjahren des vorigen Jahrhunderts in einem landwirtschaftlichen Untersuchungsinstitut tätig, das sich mit Prüfungen im Pflanzenbereich beschäftigte.

Neben seinen Routinearbeiten „beforschte" er sozusagen als „Feierabendforscher" noch heute wichtige Fragen. Mit nur wenigen Tieren untersuchte er die Beliebtheit von verfügbaren Futtermitteln und Tränkflüssigkeiten. Weiter untersuchte er die Sehleistung des Geflügels bei der Futtersuche und das gegenseitige Erkennen der Tiere untereinander.

Auch wenn die gängigen und beliebten Futtermittel Mais und Sonnenblumenkerne nicht mit einbezogen wurden, ist es doch ganz interessant, was diese Untersuchungen ergaben. Die folgende Tabelle zeigt einen Ausschnitt der Ergebnisse.

Beliebtheit einiger Futterkomponenten bei Tauben (Engelmann, 1956)
Hanf > Raps > Weizen > Wicken > Erbsen > Roggen > Gerste > Lein > Spinat > Hafer > Süßlupinen

Am beliebtesten war Hanf und am wenigsten gern gefressen wurden die Süßlupinen, die zwar fast frei von Bitterstoffen sind, aber die Tauben mögen sie trotzdem nicht.

Es gibt nun mal eine Vielzahl von Geschmäckern. Diese Erfahrung konnte ich ebenfalls vor Jahren machen. Ich bekam einen Sack Süßlupinen sehr günstig angeboten, im Hinterkopf den hohen Eiweißgehalt, gab es für mich nur eines: kaufen. Zu guter Letzt hat diese Lupinen ein Teichbesitzer an seine Karpfen verfüttert. Dort gehören sie auch hin.

In eigenen Untersuchungen zeigte sich, dass Hanf sowohl bei Zuchttieren in der Zuchtsaison und auch bei abgesetzten Jungtieren die uneingeschränkte Nummer 1 ist. Sonnenblumenkerne werden gern gefressen. Raps wird bei freiem Zugang zu Hanf liegen gelassen bzw. wesentlich weniger gern gefressen. Wicken wurden von allen Gruppen anfangs nur ungern aufgenommen. Sie liegen mittlerweile über dem Durchschnitt und haben dabei den Stellenwert wie in den Engelmann'schen Untersuchungen.

Erbsen werden in Zeiten eines erhöhten Eiweißbedarfes mehr gefressen, als das in der Zuchtperiode der Fall ist. Bei Engelmanns Untersuchungen wurden jeweils drei Futtermittel miteinander verglichen.

In den eigenen Untersuchungen stand das eigentliche Fressen und Sattwerden im Mittelpunkt. Dabei spielen die jeweiligen Angebote eine wichtige Rolle. In einem Versuch mit Farbentauben nach der Zuchtsaison von Ende Oktober bis Anfang Dezember erhielten die Tiere neben anderen Futtermitteln kurzzeitig auch Hanf zur freien Verfügung. Mais wurde wie auch Sonnenblumenkerne deutlich weniger aufgenommen und auch Weizen und Erbsen waren eher eine Zugabe als Grundfutter. Die Begrenzung des Hanfes in der täglichen Fütterung bewirkte, dass plötzlich Mais, Weizen und Erbsen gefragt waren. Der Verzehr von Pelletfutter wurde dagegen nicht beeinflusst. Bei diesem Angebot an anderen Futterarten hatten die Tauben wenig Interesse an dem Pressfutter.

Aus den bisherigen Ergebnissen folgernd, muss man immer wieder staunen, wie die Tauben ihre Ration entsprechend des Bedarfs zusammenstellen. Das tun sie auch mit äußerlich sehr ähnlichen Pelletfuttermitteln.

Die Cafeteriamethode – darauf wird noch eingegangen – scheint den Tauben in ihren Bedürfnissen sehr nahe zu kommen.

Das Anpassen an den Bedarf ist auch bei den Jungtauben zu beobachten. Jede Änderung schlägt sich in der Auswahl der Komponenten nieder. Dazu kommt auch noch die Anpassung an die Umweltfaktoren wie Kälte, Wärme oder Wind.

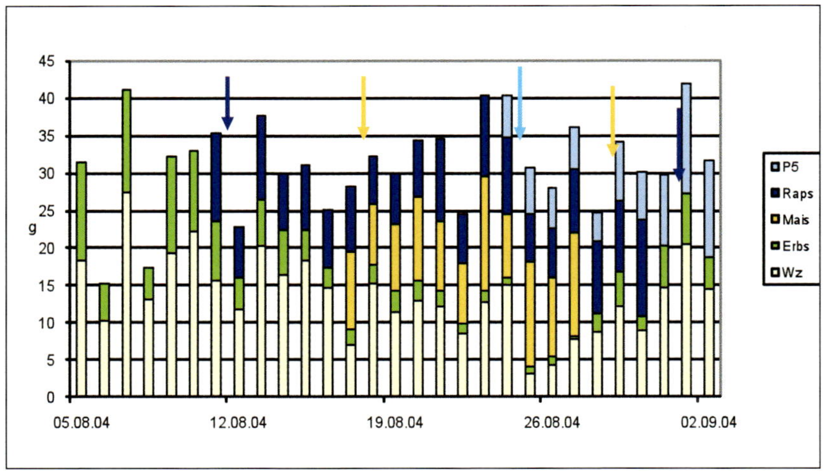

Futterauswahl bei Jungtieren mit wechselnden Angeboten (Texaner)

Zu den eigenen Untersuchungen dieses Themas hier noch ein paar Bemerkungen. Aus der Übersicht mit prozentualen Anteilen der Futtermittel geht hervor, dass es keine absolut festlegbare Reihenfolge gibt. In den ersten sechs Tagen wurde deutlich mehr Weizen gefressen als Erbsen. Als dritte Variante kam am 7. Tag Raps hinzu. Dieser nahm den 2. Platz in der Beliebtheit ein. Als Mais folgte, fielen die Erbsen auf Platz vier. Die Zugabe von Pelletfutter erweiterte die Beliebtheit von Mais, der jetzt Nummer 1 wurde. Am Ende der Skala gab es die Reihenfolge: Weizen, Pellets und wieder einen letzten Platz für Erbsen. Letztlich ist die Hintanstellung der Erbsen auch verständlich, denn zu diesem Zeitpunkt waren die Jungtauben aus dem Gröbsten heraus und brauchten keinen hohen Eiweißgehalt im Futter.

Wenn mehrere Futterkomponenten nebeneinander bereitliegen, ist die Auswahl anders als bei zwei Futterstoffen. Ein Beispiel ist nachstehend zu sehen. Auf Veränderungen in der Zusammensetzung von Mischungen oder den veränderten Zugangsmöglichkeiten reagieren die Tauben relativ kurzfristig und schnell.

Ebenso ist das beim Futterwahlverhalten von Texaner-Jungtauben. Die Schwankungen, die hier auftreten, sind letztlich normale Schwankungen um den Mittelwert. Dabei hatten auch Umgebungstemperatur und zeitweise hohe Windgeschwindigkeit einen deutlichen Einfluss auf die Fressgewohnheiten der Jungtauben. Die beiden Abbildungen zeigen natürlich auch, dass die Jungtauben, und das lässt sich verallgemeinern, lieber Körner fressen als Pellets. Es handelte sich hier um pelletiertes Putenmastfuttermittel.

Hier waren über einen längeren Zeitraum die gleichen Futterkomponenten im Einsatz und es gab nicht allzu viele Variationen.

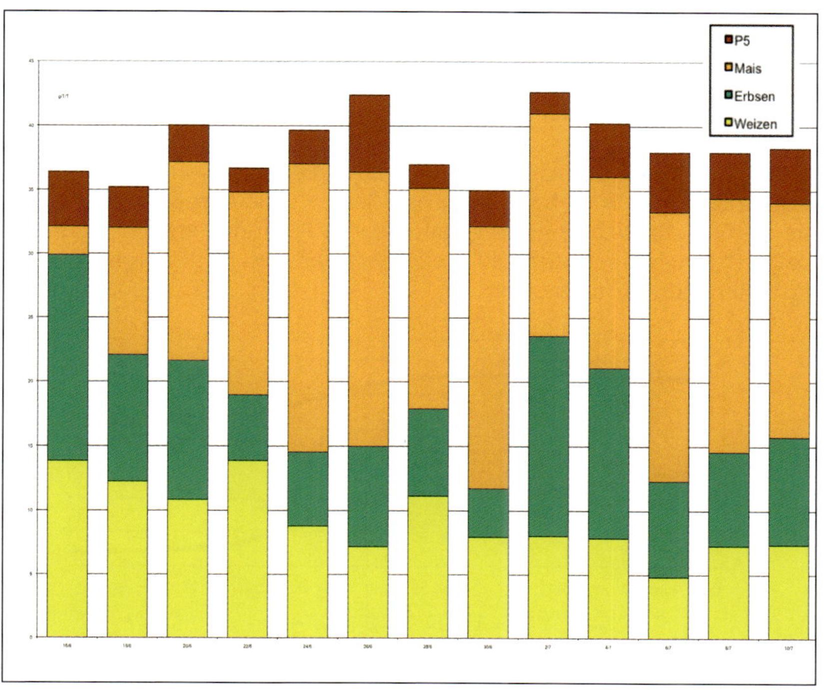

Futterwahlverhalten bei Jungtauben mit konstantem Futterangebot (Texaner)

Interessant ist, welchen Einfluss die Darbietungsform auf den Futterverbrauch hat.

Etwas am Rande des Fütterungsgeschehens, aber für große Tauben stets aktuell, ist das Verfüttern von Eicheln. Das war nicht nur „billiges Futter in schlechten Zeiten“, sondern ist auch heute noch als Energielieferant nicht vergessen. Und warum soll man nicht Eicheln sammeln, die es in verschiedenen Größen gibt und einen Blick in die Natur erfordern. Es gibt aber auch Unterschiede der Futterwahl zwischen den Geschlechtern, wie unten aufgezeigt.

Unterschiede im Futterwahlverhalten zwischen den Geschlechtern (nach Sales und Janssens, 2003)

	♂	♀
Mais	61 g	39 g
Erbsen	25 g	31 g
Weizen	31 g	21 g
Gesamt	117 g	91 g

Wer die Wahl hat, hat die Qual. Das ist bei Tauben, die nur Pellets bekommen, sicher ein kleineres Problem, wie im folgenden Schaubild gezeigt wird.

Der Gesamtverbrauch wird durch die obere Linie angezeigt. Während anfangs die Nachfrage nach den Sorten gleich groß ist, geht doch die Tendenz in Richtung des gehaltvolleren P5 und weg vom „Schlankmacher“ Junghennenfutter „R“. Letzteres ist eiweiß- und energieärmer als das Putenendmastfutter „P5“.

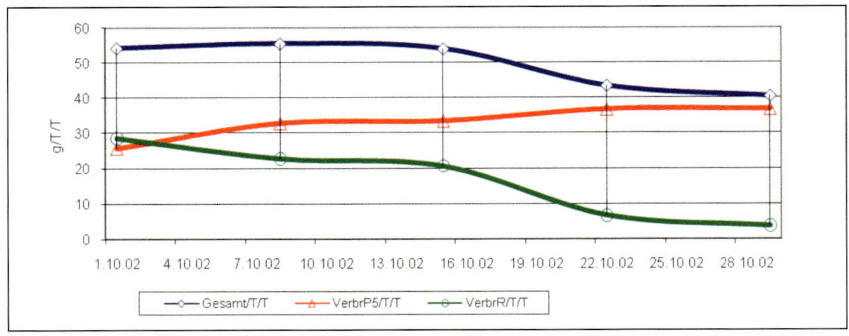

Futterwahlverhalten von Fleischtauben (Texaner) – Auswahl zwischen zwei Pelletfuttermitteln

Der Futterverbrauch liegt in dieser Periode bei den Fleischtauben zwischen 35 und 55 g je Tier und Tag. Deutlich wird hier, dass durch den Verzehr des energiereicheren Futters der Bedarf sinkt. Es bleibt die Frage, wie die Tauben die äußerlich fast gleichen Pelletsorten auseinanderhalten können.

Über ein Jahr betrachtet, gibt es im Bedarf an Futter ein ständiges Auf und Ab. Als Faktoren für diese Situation müssen wir neben der Umgebungswärme auch den unterschiedlich hohen Bedarf der zu fütternden und teils selbst fressenden Jungtiere berücksichtigen.

Bei der Grafik oben wird deutlich, dass es nicht geht, einen Bestand gleichmäßig durch das Jahr zu bringen. Das spricht auch dafür, dass es kaum möglich ist, ständig das richtige Futter oder die ideale Zusammensetzung zu verabreichen.

Ein wesentlicher Umweltfaktor ist die Qualität des Futters, wobei das Erkennen des Problems die eine Seite und das Ändern die zweite Seite ist.

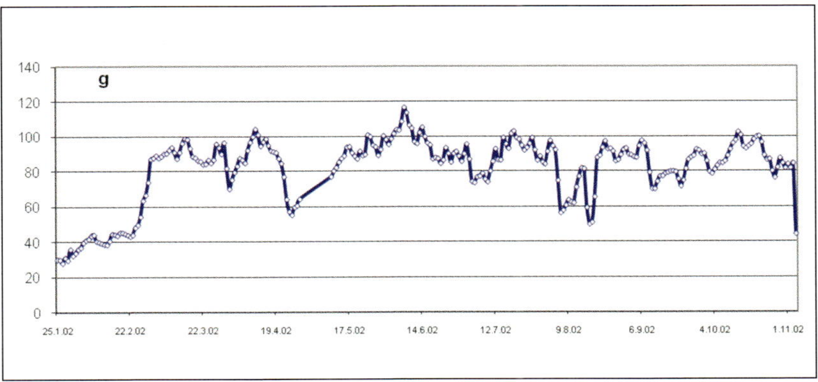

Verteilung der Futteraufnahme über ein Jahr

In der Taubenpopulation sind ständig Jungtauben, Tauben mit Gelege und Tauben mit Küken oder auch mal leere Nester vorhanden. Am Anfang gibt es bei den Paaren eine gewisse Synchronisation, wie um den 20. April zu sehen ist. Um diesen Tag herum gab es eine hohe Zahl an frischen Gelegen. Diese klare Markierung verliert sich mit der Zeit. Das ist logisch.

In der Bayerischen Landesanstalt für Kleintierhaltung hat man über ein Jahr lang untersucht, was Fleischtauben wann gern fressen. Das Ergebnis und die Konsequenzen sind nachstehend dargestellt. Man hat die Tiere im Cafeteriasystem wählen lassen und daraus geeignete Mischungen produziert. Es handelt sich um zwei Zuchtmischungen für Hubbel-Tauben. Eine Mischung ist für die Winterperiode (Dezember bis April) und eine für die Sommerperiode (Mai bis November) aufgestellt worden.

Mischungsempfehlungen für die 2-Phasen-Fütterung von Fleischtauben (Hubbel) – (Empfehlungen nach Damme, 2004)

Futtermittel*	Dezember bis April	Mai bis November
Mais	40 %	34 %
Erbsen	36 %	42 %
Weizen	20 %	18 %
Broilerendmastfutter	4 %	6 %
Inhaltsstoffe	**Dezember bis April**	**Mai bis November**
umsetzbare Energie	12,5 MJ/kg	12,4 MJ/kg
Rohprotein	15 %	16 %
Methionin	0,23 %	0,26 %
Lysin	0,81 %	0,91 %

* ((FN)) * Zuchttiere erhalten zusätzlich Grit, Jodsalz und Austernschalen zur freien Aufnahme

Das ist ein Beispiel einer Anwendung von Erkenntnissen für die praktische Produktion. Damit wird kein Futter unnötig in die Futterbehälter gekippt. Interessant ist eine Untersuchung von Hullar und Kollegen aus Ungarn. Mit einem kleinen Trupp Brieftauben (fünf Stück, zwei Jahre alt) wurde die tägliche Futterverzehrmenge jeweils nur einer Futterart ermittelt.

Dabei gab es folgende Ergebnisse:

Verzehrmenge einzeln verabreichter Futtermittel an jeweils einem Tag (nach Hullar)

Futtermittel	Verbrauch je Tier und Tag
Mais	22,5 g
Weizen	17,4 g
Gerste	23,1 g
Hirse (rot)	21,6 g
Hirse (weiß)	26,7 g
Mohrenhirse	16,1 g
Kanariensaat	26,5 g
Erbsen	33,0 g
Linsen	26,5 g
Sonnenblumenkerne	19,2 g
Hanf	25,5 g

Fressverhalten und Fresszeiten

Wann und wie gefüttert wird, ist einmal eine Ermessensfrage und abhängig von den Möglichkeiten des Züchters. Ein Rentner hat meist genügend Zeit zum Füttern, ganz egal, ob er zwei Mal oder öfter füttert. Wer täglich aus dem Haus muss und wochentags wenig Zeit hat, der kann eben nur einmal füttern. Das sollte man dann auch am Wochenende weiter so fortführen.

Dabei kann man eine fertige Mischung geben oder mit den Komponenten einzeln seine Tiere versorgen (Cafeteriamethode). Es reichen in der Regel vier bis sechs Komponenten, die man sinnvoll auswählen muss. Im Prinzip könnte man wirklich die Tauben fressen lassen, was sie wollen, aber letztlich spielen auch die Kosten eine Rolle. Am Beispiel der Hanfsaat kann das am besten erklärt werden. Hanf gehört zu den besonders gern gefressenen Futtermitteln. Er liegt im „Ansehen" weit vor vielen anderen beliebten Futterarten.

Die Frage nach dem Zeitpunkt des Fressens lässt sich leicht beantworten. Sie richtet sich danach, ob Jungtiere vorhanden sind oder nicht. Bei

Den mittelschnäbligen Altorientalischen Mövchen sollte man kein zu grobkörniges Futter anbieten.

HANF WIRD BEVORZUGT

Wenn die Tauben die Möglichkeit haben, fressen sie vor allem Hanf. In den Empfehlungen zur Höchstmenge je Tier und Tag sind die veröffentlichten Werte für Hanf mit 1–3 % angegeben. Tests im eigenen Bestand über Jahre ergaben keinerlei Probleme mit Hanf. Dabei wurde das Cafeteriasystem genutzt. Sie hatten also längere Zeit die Möglichkeit, so viel zu fressen, wie sie wollten. Dabei wurden bis zu 60 % Hanf je Tag aufgenommen. Gerade in einem Jahr mit den höchsten Hanfmengen im Futter gab es die besten Aufzuchtergebnisse und von den geschlüpften Jungtieren ging keines ein. Dagegen sprechen bei Hanf die Futterkosten.

den hier vorgestellten drei Beispielen der Monate April, Juli und November kann man sehen, dass im Juli deutlich als wesentliche Fresszeiten der frühe Morgen und der späte Nachmittag infrage kommen. In diese beiden Perioden fällt hier schon die Hauptmenge an Futter. Während im April manches Zuchtpaar erst in Gang kommt, ist im Juli volle Reproduktion angesagt. Das wird auch aus der noch stärkeren Konzentration auf den Morgen und den Spätnachmittag sichtbar. Anders ist das im November, denn da ist am späten Vormittag ein leichtes „Anfressen" zu beobachten. Um Mittag wird der Kropf gefüllt. Das muss dann bis zum nächsten Morgen reichen.

Diese Untersuchungen fanden nach dem Prinzip der freien Verfügbarkeit des Futters statt. Die Tauben hatten also jederzeit freien Zutritt zu den Futtermitteln und zu Wasser. Es war den Tieren überlassen, wann sie sich einrichten zu fressen. Beim Vergleich der Monate April, Juli und November kann man die Mengen an Futter, die verzehrt wurden, anhand der mit maximal 12 g ausgewiesenen senkrechten Achse gut vergleichen. Die Werte zeigen, dass im April schon für die Jungtiere Futter mit verbraucht wurde.

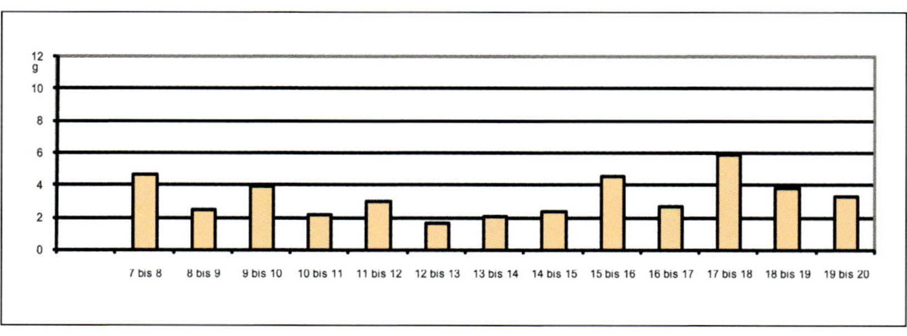

Verteilung der Futteraufnahme über den Tag im April

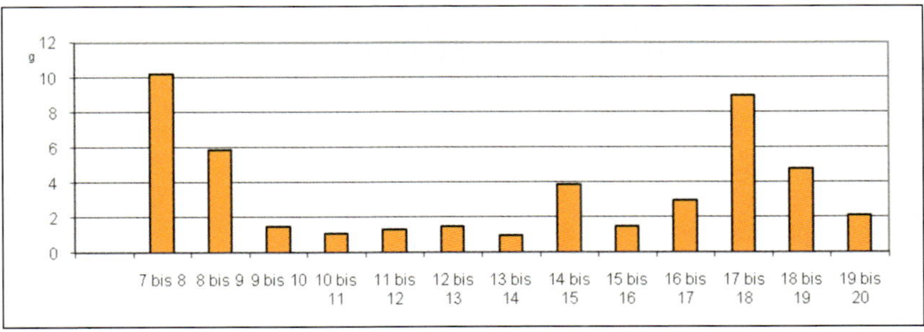

Verteilung der Futteraufnahme über den Tag im Juli

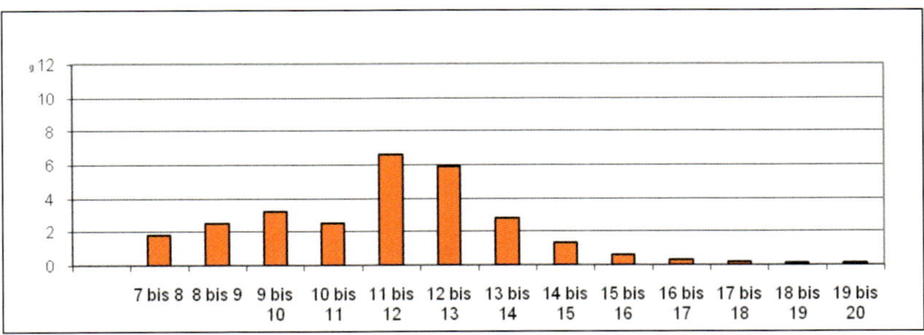

Verteilung der Futteraufnahme über den Tag im November

Diese recht interessanten Ergebnisse, die über Jahre bestätigt wurden, sagen eigentlich etwas ganz Logisches. Am Beginn der Zuchtsaison sind, beispielsweise im April, in der Regel die ersten Jungtauben geschlüpft und es gibt auch noch Paare, die noch keine Eier oder Jungtiere im Nest haben. Dafür gibt es die verschiedensten Gründe. Es kann an der späten Verpaarung liegen. Was wiederum für den gesamten Bestand zutreffen kann oder für einzelne Paare, die später verpaart wurden. Jedenfalls zeigt sich am Saisonbeginn noch ein relativ ausgeglichenes Maß über den gesamten Tag. Im Juli, wenn der Höhepunkt erreicht ist, zeigt sich deutlich, dass Tauben an den üblichen Fütterungszeiten (morgens und spätnachmittags) ihren Schwerpunkt der Futteraufnahme und gleichzeitigen Futternachschub haben.

Im November, wenn die Zuchtzeit längst gelaufen ist, liegt der Höhepunkt der Futteraufnahme in der Mittagszeit. Das ist auch zu verstehen, denn in der Mittagszeit ist es im Winter noch am wärmsten. Am späten Nachmittag ist die aufgenommene Futtermenge sehr gering und es fressen oft nur die Tiere, die vorher zu zeitig mit dem Fressen aufgehört hatten.

Zu bemerken ist nochmals, dass diese Konstellation bei Standfütterung festgestellt wurde. Falls nicht zur freien Verfügung (ad libitum) gefüttert wird, kann man in der Zuchtsaison zweimal täglich füttern. In der Zuchtruhe kann gegen Mittag eine einmalige Gabe ausreichend sein. Aus den vorstehenden drei Grafiken ist auch der höhere Futterbedarf in der Zuchtperiode ersichtlich und logisch.

Mit Recht wird der positive Effekt des mehrmaligen Fütterns auf die Versorgung der Jungtiere hervorgehoben. Letztlich liegt es an jedem Züchter, wann er füttern will und kann. Besonders wichtig scheint die Regelmäßigkeit zu sein. Ein bekannter Schautaubenzüchter berichtete, dass er seine Tauben grundsätzlich um 16 Uhr füttert, und das seit Jahrzehnten.

Es hat sich deutlich gezeigt, dass es reicht, einmal am Tag zu füttern. Eine regelmäßige Futterzeit ist, wenn möglich, sehr gut. Weniger gut ist das vagabundierende Füttern.

Eine Wertung, was die beste Methode bei der Futterverabreichung ist, kann man sich sparen – daher auch keine weiteren Bemerkungen von mir hierzu.

Feldern

Feldern heißt im Prinzip – bzw. es wurde lange so angesehen – „Selbstversorger". Das sollte man wertfrei betrachten, denn es kann ein „Bettelfutter" sein wie bei den verwilderten Stadttauben oder es ist ein Zubrot, um Futterkosten zu sparen.

Es soll hier auf die Gefahren beim Feldern verwiesen werden: Das Futter ist nicht kontrollierbar und es können diverse agrochemische Produkte, gebeiztes Saatgut oder Mäusegifte gefressen werden. Bei gele-

Beim Freiflug – hier eine Damascener mit Binden – können sich Tauben viel Nahrung selbst suchen.

gentlich feldernden Tauben scheint die Gefahr geringer zu sein als bei Tauben, die sich alles selbst suchen müssen und bei denen der Hunger oder gar zu fütternde Jungtiere wichtigster Antrieb zum Fressen ist.

Taubenverluste können beim Feldern auftreten, aber weniger wegen des Futters, sondern aus einem Grund, den man schon 1605 festgehalten hatte:

„Wenn fleucht die Taube zu weit ins Feld,
zuletzt der Habicht sie behält."

Die Taubenzüchter von vor 400 Jahren hatten schon die gleichen Probleme, nur war es wohl damals schwieriger, eine Voliere zu bauen.

Dazu noch ein weiteres Sprichwort:

„Es ist gefährlich, eine Feldtaube seyn,
denn es gibt viel Raubvögel."

Der letzte Spruch stammt aus dem Jahr 1704. Schon damals war das Feldern eine kritische Sache, die nicht immer gut ausging (aus Marks, H., 1970). Letztlich war es aber oft die einzige Futterquelle, über die man zu Futter für seine Tauben kam.

Auch ein anderes Problem gibt es noch, das mit dem Feldern zu tun hat: Es ist das Fressen von Mineraldünger auf Feldern. Eigene Erfahrungen zeigen, dass Mineraldüngerlagerung für die Taubenhaltung kein Problem sein muss. Dabei waren die eigenen Tauben in einem Taubenschlag über einem kleineren Düngerlager, das nur überdacht war, untergebracht. Sie konnten verschiedene Dünger fressen, taten es aber nicht. Sicher lag es an der Hauptfutterquelle, die sich im Schlag befand. Dabei ist das Feldern insofern interessant, weil man in die Lage versetzt wird, festzustellen, was Tauben aufnehmen. Hier nun eine Übersicht darüber, was alles in einem Kropf zusammenkommt.

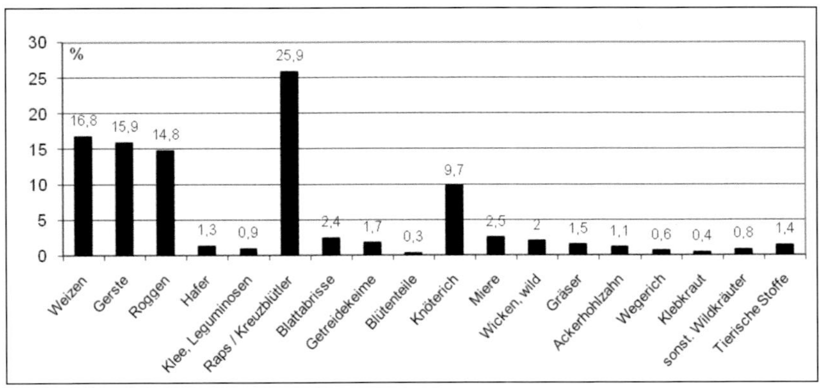

Kropfinhalt feldernder Tauben (nach Vogel, 1980)

Dabei kann man feststellen, dass Körner vom Weizen bis zum angekeimten Getreidekorn 79 % des Futters im Kropf ausmachen.

Es bleibt noch einmal ein größerer Posten, und zwar der Knöterich mit fast 10 %. Ansonsten sind es noch neun Posten kleineren Umfangs. Darunter auch Insekten usw. als Vertreter und Lieferer tierischen Eiweißes (1,4 %). Im Prinzip sagen andere Untersuchungen zu diesem Thema das Gleiche aus.

Verwilderte Haustauben gibt es nicht nur in Städten, sondern auch auf Dörfern, wo sie sich an Futterumschlagstellen ansiedeln. Im Rinderfutter sind allerhand Anteile an Getreide und Sojaextraktionsschroten enthalten, die gern gefressen werden.

Verwilderte Tauben

Es gibt auch den Begriff „Feldflüchter". Das sind die verwilderten Haustauben und meist rassenlosen Kreuzungen, die genutzt werden, aber keine Futterkosten verursachen.

Frisches „Blut" kommt zu den verwilderten Tauben durch Brieftauben hinzu, die ihren Heimatschlag nicht wieder erreichten.

Verwilderte Tauben in den Städten werden häufig von Menschen gefüttert oder suchen sich ihre Nahrung selbst.

Da unter den verwilderten Tauben oft schlecht genährte und auch kranke Tiere dabei sind, ist es immer gut, die eigenen Tauben von solchen Trupps fernzuhalten. Das Feldern spielt heute beim Rassetaubenzüchter keine Rolle mehr. Viele Züchter müssen aus Vorsorge wegen der Greifvögel ihre Tauben in Volieren halten. Es ist schmerzlich, in der Brutsaison gute Zuchttiere zu verlieren oder Jungtiere abschreiben zu müssen, die sich bis dahin hoffnungsvoll entwickelt hatten. Die Volierenhaltung ist zwar nicht ideal für eine Taubenzucht, aber letztlich das kleinere Übel.

Es gibt auch keine Unterschiede zwischen Stadt und Land hinsichtlich der Gefahr, durch Greifvögel einen Teil der Zuchttauben zu verlieren. Wer keine Möglichkeiten für Volierennutzung hat, der muss in den sauren Apfel beißen und auf eine Taubenhaltung verzichten.

Auf die Gefahr, durch verwilderte Stadttauben Krankheiten zu verbreiten, wurde schon hingewiesen. Die Gefahr ist die eine Seite. Aber die Tauben gehören oftmals zum Stadtbild und wenn sie in großen Scharen an die Futterplätze fliegen und dann von den Touristen gefüttert werden – wer könnte das verbieten wollen? Es gibt immer „selbst ernannte Tierfreunde“, die alles für ihre verwilderten Freunde tun.

Man muss aber trotzdem die Populationen auf einem gewissen Niveau halten, damit der Schaden an den Bauwerken durch Taubenkot im Rahmen bleibt. Die Fortpflanzung wird durch gezielte Hormongaben gebremst. Dabei gibt es die Möglichkeit, mit lange wirksamen Stoffen zu arbeiten oder wiederholt kurzzeitig wirkende Mittel zu verabreichen.

Bei Vogel wird eine Zusammenfassung aller Mittel und Methoden zur Einschränkung der verwilderten Tauben gegeben. Unter anderem schlug er vor: eine Abschottung der Brut- und Schlafplätze, ein Anstechen der Bruteier, eine biologische Reduzierung durch Ansiedelung von Greifvögeln, Fütterungsverbot und Hormonbehandlung.

Einfluss der Gene

Es ist bekannt, dass Leistungsmerkmale nicht wie die mendelschen Regeln zu behandeln sind, sondern von einer Gruppe von Erbfaktoren beeinflusst werden. Das bedeutet nicht, dass es dadurch keine Selektion gibt. Im Gegenteil: Mithilfe der Populationsgenetik (also einer züchterischen Arbeit mit großen Gruppen und nicht mit dem Gen des Einzeltieres) lässt sich vieles züchterisch bearbeiten.

Folgende Beispiele aus den letzten Jahrzehnten sollen hier genannt werden:

Die Legeleistung der Legehühner liegt mittlerweile deutlich über 300 Eier je Jahr und Henne. Ebenso ein enormer Erfolg ist die Leistung von Milchkühen. Es gibt ganze Herden, die über 12.000 Liter Milch je Kuh und Jahr geben. Die Nutzung der genetischen Faktoren spielt aber auch bei Tauben eine große Rolle.

Der Erblichkeitsgrad, auch als Heritabilität bezeichnet, ist berechenbar und damit messbar. Es gibt einen Koeffizienten, der von 0 bis 1 reicht oder, in Prozent angegeben, bis 100 %. Mittlere Heritabilitätskoeffizienten sind bei Werten um die 0,5 oder 50 % angesiedelt. Unter 30 % spricht man von einem niedrigen Wert und Ergebnisse über 60 % sind als hoch einzustufen. Koeffizienten haben oft ein Kürzel, damit alles schneller geht. Bei der Heritabilität ist es das Zeichen „h^2"(„h Quadrat" gesprochen).

HERITABILITÄT

Höhere h^2-Werte findet man bei Faktoren wie Wachstum und Fleischansatz. Niedrigere Werte stellt man bei Fragen der Fruchtbarkeit und Fortpflanzungsfähigkeit fest. Sowohl die genannte Legeleistung als auch die Milchleistung haben einen niedrigen h^2-Wert. Das zeigt, dass nicht vordergründig der hohe h^2-Schätzwert das Wichtigste ist und ob man selektiert oder nicht, sondern es kommt auf die richtige Methode und das klare Ziel an. Die Populationsgenetik arbeitet mit Varianzen und die Heritabilität eines Merkmals stellt sich als Anteil der genetischen Varianz an der Gesamtvarianz dar. Die Gesamtvarianz ist die Summe von umweltbedingter Varianz und genetischer Varianz. Die Nutzung der Populationsgenetik bedeutet auch, dass nicht das Einzeltier das Wichtigste ist, sondern die Population, also viele Tiere, deren Leistung aber wieder einzeln vorliegt und bearbeitet wird.

Die oben genannten Faktoren spielen auch bei dem Komplex „Fütterung" eine wichtige Rolle. Im Futterverbrauch gibt es wie bei anderen Tierarten auch bei Tauben Unterschiede. Darüber gibt es kaum wissenschaftliche Untersuchungen. Es ist letztlich für den Taubenfleischerzeuger von Bedeutung, ob er pro Paar ein Kilogramm Futter mehr oder weniger aufwenden muss. Das summiert sich dann und kann für die Rentabilität von Bedeutung sein.

Inzucht spielt bei Tauben direkt und indirekt eine große Rolle. Indirekt wirkt sie durch fehlende Aufzeichnungen gewissermaßen unkontrolliert. Die Probleme der Inzuchtanwendung sind dabei verdeckt oder versteckt. Es kann zur Anhäufung von unerwünschten Erbanlagen kommen, die auf Vitalität und Fruchtbarkeit wirken und letztlich eine Zuchtarbeit nicht mehr ermöglichen. Andererseits kann mit einer gezielten Inzucht eine Leistungsstabilität oder eine Verbesserung einhergehen. Natürlich sind gegenteilige Wirkungen und Effekte möglich. Aber dann kontrolliert man und weiß, was da gemacht wurde.

Ähnlich ist es mit der Heterosis, wo es zur Nutzung von Kreuzungseffekten kommen kann. Aber es geht da nicht um die Kreuzung gekreuzter Kreuzungen, sondern um definierte Zuchtmethoden.

Kreuzungen soll man nicht a priori verdammen, aber man muss unbedingt wissen, dass zur Kreuzung auch immer die Reinzucht gehört.

Durch gezielte Züchtung kann auch die Leistung bei Brieftauben verbessert werden.

Heterosiseffekte kann der Taubenproduzent nutzen, aber auch der Brieftaubenzüchter. Hier gibt es ein weites Feld. Weniger fassbar ist diese Thematik bei Ausstellungstauben. Bekannt ist, dass die Flugleistung einen relativ niedrigen h^2-Wert hat.

Die Geschlechtsunterschiede sind zwar bekannt, aber die Paarhaltung erlaubt keine individuelle Fütterung der Geschlechter.

Aber auch hier gibt es eine (kleine) Ausnahme – jeweils für kurze Perioden – in der Witwermethode bei Brieftauben. Trotzdem bleibt als kleinste kontrollierte Einheit das Zuchtpaar.

Interessante Untersuchungen liegen aus dem Institut für Geflügelzucht der Universität Kaposvár (Ungarn) vor. Hier wird gezeigt, welchen Einfluss die Inzucht bei Fleischtauben und Brieftauben hat.

Einfluss der Inzucht bei Tauben (nach Prof. Horn und Mitarbeiter)

Texaner		Auszucht*	Inzucht
Zuchtpaare	N	105	105
Eizahl	N	2481	2407
geschlüpfte Küken	N	1357	928
abgesetzte Jungtiere	N	914	507

* Auszucht ist das Gegenteil von Inzucht; Erhaltung der Variabilität vor allem in einer geschlossenen Zucht.

Einfluss der Inzucht bei Tauben (nach Prof. Horn und Mitarbeiter)

Brieftauben			
Zuchtpaare	N	60	60
Eizahl	N	1352	1367
geschlüpfte Küken	N	660	435
abgesetzte Jungtiere	N	494	305

* Auszucht ist das Gegenteil von Inzucht; Erhaltung der Variabilität vor allem in einer geschlossenen Zucht.

Die Frage, was denn die Inzucht mit der Taubenfütterung zu tun hat, scheint auf den ersten Blick berechtigt. Auf den zweiten Blick fällt aber auf, dass bei Inzuchttauben weniger Jungtiere schlüpfen und der Anteil aufgezogener Jungtiere ebenfalls schlechter ist. Dabei haben alle das gleiche Futter. Wer solche Fakten nicht zur Kenntnis nimmt, wird sich nur bei seinen Tauben wundern, dass sie zu wenig Nachzucht bringen und möglicherweise auch durch schlechte Flugergebnisse auffällig sind. Gern schiebt man derartige Probleme auf die Ernährung, also die Futtersorte.

Man muss klar sagen, dass bei manchem Züchter die Abstammung seiner Tiere oftmals ein Geheimnis mit vielen Unbekannten ist. Inzuchtfolgen kann man auch nicht mit dem besten Futter beseitigen. Da hilft auch nicht, von allem viel zu geben: viel Eiweiß, viel Energie, viele Kohlenhydrate und noch mehr Vitamine usw.

Wer ordentliche und genügende Nachzucht will, muss seine Tauben auch in ihrer Abstammung kennen. Die im genannten Versuch genutzten Inzuchtgrade sind verhältnismäßig gering. Sehr leicht und sehr schnell kann die Inzucht Ausmaße annehmen, die eine starke Leistungsdepression zur Folge haben, daher der Hinweis auf das Verhältnis von Zucht und Fütterung.

Eine Redewendung soll noch für diesen Disput herhalten. Wenn jemand züchten will, muss er beherzigen, dass nur „wer schreibt, der bleibt". Also: Notizen machen und die Abstammung der Tauben verfolgen. Die Inzucht soll nicht verdammt werden, denn bei richtiger Handhabung ist sie sehr wertvoll. In ihr steckt ein enormes Potenzial, das man aber beherrschen muss.

Ein Selektionsziel ist bei vielen Rassen landwirtschaftlicher Nutztiere der möglichst geringe Futterverbrauch bei höchsten Leistungen. Das muss eigentlich ein Zuchtziel vor allem bei Brieftauben sein. Das bedeutet, dass die Tauben folglich mit weniger Futter das Gleiche leisten. Da sie weniger Futter für ihre Leistungen benötigen, können sie mit ihrer aufgenommenen Futtermenge weiter oder ungestörter fliegen. Letztlich ist das ein Plus in den Händen der Züchter. Um das zu realisieren, muss man den Futterverbrauch testen, der für die verschiedenen Dinge gebraucht wird. Es sind also Kontrollen des Futterverbrauchs notwendig. Am einfachsten ist die Kontrolle des Futterverbrauchs über eine bestimmte Zeit und in einer festgelegten Periode. Das erfordert Einzelplätze in einem Käfigregal und tägliche Futtereinwaage und Rückwaage.

Wesentlich teurer ist die Einzelkontrolle, wenn sie mit elektronischer Kennung und einem System von Futterwaagen erfolgt. Die Kosten sind hier enorm hoch und in der Regel von einem Züchter nicht zu realisieren. Bei der Einzelkontrolle erhält man Werte, die mit den späteren Flugleistungen in Beziehung gebracht werden müssen. Das könnte ein interessantes Gebiet der Züchtungsforschung bei Brieftauben sein. Wer aufgrund von Zeitmangel die Abstammung seiner Tauben nicht ständig im Griff hat, dem gebe ich noch folgenden Tipp: Teilen Sie Ihren Zuchtbestand in vier Abteilungen, jede Truppe hat einen eigenen Schlag und Sie können die Ringe nach zu erwartenden Jungtieren auf die Gruppen aufteilen und die Nummern festhalten. Also: Im Prinzip brauchen Sie nur aufzuschreiben, wer in welchem Abteil ist und welche Ringe dann vergeben werden. Dann teilen Sie die Blöcke (= Stall mit Voliere) auf und gehen nach folgendem Schema der Verpaarungen vor:

Durch die richtige Verpaarung ist ein vielversprechender Nachwuchs zu erwarten wie bei dieser Brieftaube.

VERPAARUNG

Block 1	2	3	4

Verpaarung in der 1. Generation:

♂von 1 × ♀von 2	♂v.3 × ♀v.4	♂v.2 × ♀v.1	♂v.4 × ♀v.3

In der 2. Generation und weiteren Generationen nach diesem Prinzip fortfahren, also:

1 × 2	3 × 4	2 × 1	4 × 3

Das ist eine einfache Lösung, die genial in der Nutzung ist und die von jedem, der Interesse daran hat, angewendet werden kann.

Nutzungsrichtungen und Genotypen

Die Nutzungsrichtungen der Tauben oder das Einsatzgebiet der verschiedenen Taubentypen beeinflussen nicht unwesentlich die Futterkomponenten und deren Anteile. Die Kropftauben werden eher zu den großen Tauben gerechnet. Allerdings gibt es da ganz zarte Typen wie die Brünner Kröpfer und als Gegenstück die eher derberen Pommernkröpfer.

Dass die zarten Täubchen der „Brünner Kröpfer" kleinkörniges Futter bekommen, ist klar. Aber dass die Kröpfer generell nicht so großkörniges Futter bekommen, hat seine Ursache in dem aufgeblasenen Kropf. Bis die großen Körner abgebaut werden, dauert das wesentlich länger als bei kleinen Körnern. Das erfordert, auf kleinkörniges Futter zurückzugreifen, denn sonst gibt es Kropfprobleme, die nicht selten zum Verlust der falsch gefütterten Tiere führen.

Kleine Rassetauben in Mövchengröße erfordern ebenso Mischungen mit kleinen Körnern und es ist klar, dass größere Tauben größere Körner fressen können, selbst Eicheln oder Haselnüsse.

Unter wirtschaftlichen Anforderungen gehaltene Fleischtauben erhalten sinnigerweise ein Pelletfutter. Es spricht vieles dafür, pelletiertes Futter als Alleinfutter oder als Zugabe bei den Rassetauben allgemein mit anzubieten. Man kann damit die Tauben dazu bringen, nicht so gern gefressene Körner quasi in gepresster Schrotform mit aufzunehmen. Man kann auch solche wertvollen und oft teuren Futtermittel wie Extraktionsschrote in die Ration bringen. Nicht zu vergessen ist die Tatsache, dass man die Pelletfuttermittel preiswert erhält, denn sie werden in größerem Stil hergestellt als das Körnerfutter für Tauben.

Bei den Körnerfrüchten ist die Korngröße oft sehr variabel. Das fällt am ehesten bei den Maiskörnern und bei Ackerbohnen auf. Das ist aber bei fast allen Körnerfrüchten zu erwarten. Mal ist die Variation größer und dann wieder mal kleiner. Will man nicht unbedingt auf fertige Mischun-

NUTZUNGSARTEN

Bei der Nutzung der Tauben selbst gibt es zwei Hauptrichtungen. Einmal aus sportlichen Gründen im weitesten Sinne. Das beginnt beim Brieftaubensport und führt über das Ausstellungswesen bis zu Rollern, Purzlern und sonstigen Flugkünstlern.

Die zweite Hauptrichtung ist die Fleischproduktion mit Tauben. Das ist eigentlich immer eine Produktion für Kenner und Feinschmecker, denn der Erlös ist im Vergleich zum Aufwand meist zu gering. Will man daraus Gewinn erzielen, benötigt man einen entsprechenden Kundenkreis, der diese Preise zahlen kann und will.

gen zurückgreifen und lieber selbst mischen, kann man bei Bedarf die Futtermittel mit einem geeigneten Schüttelsieb in die gewünschte Richtung hin auslesen. Die zu großen Körner kann man an die Hühner füttern, wenn man nicht gerade die kleinsten Urzwerghuhnrassen züchtet! Wie erwähnt, werden Eicheln gefressen, natürlich von großen Rassen. Eicheln sind nicht nur ein Futter für schlechte Zeiten. Auf alle Fälle sind sie nutzbar, wenn der Einsatz durch den Ernteaufwand auch vertretbar ist.

Wenn hier von Fleischtauben gesprochen wird, sind immer diese Tauben gemeint: Zu den Fleischtauben gehören eine Reihe von Rassen im zumindest mittelgroßen bis größeren Typ. Sie gehören nicht in den Ausstellungskäfig, denn da würden sie meist versagen, weil der Ausstellungstyp und der Produktionstyp zweierlei sind. Man sollte sich überlegen, ob man jede neue Fleischtaubenrasse auch gleich als Rassetaube züchten muss und sie in ein Korsett zwingt, das ihnen auf Dauer nicht passen kann.

Bei den Fleischtauben haben sich nicht wenige Züchter den kennfarbigen Rassen zugewandt. Das ist wohl auch eine richtige Entscheidung. Dadurch wird vieles erleichtert, was mit Auswahl oder Selektion zu tun hat. Nicht nur die Texaner gibt es kennfarbig, sondern auch andere wie zum Beispiel die Nutzkingtauben. Bei der Kennfarbigkeit nutzt man einen geschlechtsgebundenen Farbverdünnungsfaktor, der bei Täubern auf beiden Geschlechtschromosomen vorhanden ist und damit zu einer stärkeren Aufhellung führt als bei den Täubinnen, die nur ein Geschlechtschromosom haben und damit kräftiger gefärbt sind.

Folgende Rassengruppen hat man im VDT bei den Ausstellungstauben zusammengefasst:

- Formentauben
- Warzentauben
- Huhntauben
- Kropftauben
- Farbentauben
- Trommeltauben
- Strukturtauben
- Mövchentauben
- Tümmler und Hochflieger
- Spielflugtauben

Dazu kommen noch einige Spezialisten, die nicht zum Ausstellungswesen gehören. Gemeint sind damit Brieftauben, Hochflieger, die ihrem Namen noch Ehre machen, Kunstflieger mit Rollern, Bodenpurzlern und Sturzflugtauben. Segler sind bei den Rassetauben vertreten, sollten aber entsprechend ihrer Flugeigenschaften gehalten und nicht nur zu Ausstellungen (Schönheitskonkurrenzen) genutzt werden. Bezüglich der Einordnung gibt es nichts, was nicht abänderbar wäre.

Die Nürnberger Bagdetten zählen zu den Warzentauben und sind bei Ausstellungen eher selten anzutreffen.

Rassetauben

Die Anforderungen der Rassetauben an die Futterzusammensetzung sind sehr vielfältig. Die Palette reicht von kleinsten Täubchen wie den Figurita-Mövchen bis zu den Ungarischen Riesentauben, den Genter Kröpfern oder den Kingtauben. Es ist klar, dass für diese „Bandbreite“ verschieden große Getreide- oder sonstige Körner genutzt werden müssen.

Formentauben

Die Gruppe der Formentauben umfasst auch die einst als besonders wirtschaftlich angesehenen Rassen wie Strasser, Coburger Lerchen und Luchstauben. Heute gibt es andere wirtschaftliche Rassen, die erst einmal zur Rassetaube umgekrempelt werden, wenn sie nach Deutschland kommen. Es muss eben alles seine Ordnung haben. Nur Leistung zu bringen reicht nicht, man muss auch ein Ideal haben!

Die bereits genannten und einstmals sehr wirtschaftlichen Rassen füllen aber immerhin bei Ausstellungen, ob groß oder klein, relativ viele Plätze. Dies spricht für ihre Sympathie bei den Züchtern. Da hat man, wenn man ausstellt, wenigstens Konkurrenz. Es gehören hierzu auch Rassen, die eine bemerkenswerte und attraktive Färbung und Zeichnung haben. Es sind die kräftigen, aus Frankreich stammenden Couchois zu nennen.

Das Spektrum der Formentaube ist breit gefächert, denn auch die schwersten Taubenrassen gehören hierher. Das sind die Ungarischen Riesentauben, die man nicht zum Schlag fliegen lassen kann, wenn es Abend ist, denn diese muss man eintreiben wie Hühner oder Gänse. Für sie reicht ein normaler Hühnerauslauf, denn sie fliegen garantiert nicht weg. Ähnlich groß sind die Römertauben. Sie haben Flügelspannweiten von einem Meter und mehr. Zu einem guten Flug reicht das leider nicht. Die Herauszüchter dieser Riesen hatten vergessen, auf ein wichtiges Zuchtziel zu achten: die Erhaltung der vollständigen Flugfähigkeit.

Schöne Farbvarianten sind die Strasser, Luchstauben und Lerchen. In Frankreich gibt es bemerkenswert viele schwerere Rassen mit gutem Fleischansatz. Zu den Formentauben gehören die aus Frankreich stammenden Mondain, die Carneau und die Briver oder die in Thüringen erzüchteten Mittelhäuser, die Lahore oder die Soultzer Hauben und die Spanier. Die aus den USA stammenden Texaner sind kennfarbig und wurden ursprünglich in der Taubenfleischproduktion gehalten. Fern der Heimat wurden sie zur Ausstellungstaube.

Mit großen Tierzahlen sind auch die aus Brieftauben hervorgegangenen Rassen zu sehen. Die einstigen Schönheitsbrieftauben und jetzigen Deutschen Schautauben führen diese Truppe an. Neben älteren Rassen wie Show Homer und Show Antwerp sind jetzt die Giant Homer und die Show Racer in den Vordergrund gerückt. Zu den Formentauben zählen auch die Segler.

Warzentauben

Zahlenmäßig sind die Warzentauben auf Ausstellungen eher seltener zu sehen. Es gibt da auch meist Verbindungen zu den Brieftauben. Die Carrier sind große, glattfedrige Tauben mit teils erheblichen Schnabelwarzen, die besonders im Alter größer werden, woran Tierschützer Anstoß nehmen. Man sollte alte Rassen erhalten. Das kann man auch, ohne nach extremsten Typen zu züchten, die dann berechtigt kritisch betrachtet werden. Zum Kreis der Warzentauben gehören unter anderem die Indianer, die Dragoon und die Bagdetten.

Huhntauben

Mit zahlenmäßig wenig Rassen, aber auf Ausstellungen stark vertreten sind die Huhntauben mit älteren Vertretern wie Malteser, Florentiner, Huhnschecken und Deutsche Modeneser sowie Rassen neueren Datums wie Kingtauben und Modena.

Die Modeneser gehören zu den älteren Vertretern der Huhntauben.

Kropftauben

Zahlreich sind die Rassen und oft sehr groß die Zahl der ausgestellten Tiere je Rasse bei den Kropftauben. Hier geht die Variation von den sehr robusten Großkröpfern, die Probleme beim Fliegen haben, bis zu den grazilen Brünner Kröpfern. Dazwischen gibt es eine Vielzahl von Rassen, die einst gute Flieger waren. Die größeren Kröpfer sind oft bestrümpft, haben also Federn an den Läufen.

Belatschte Kröpfer und auch glattfüßige Kröpfer kommen aus Sachsen, Pommern, Bayern, Tschechien, Holland, England und Frankreich. Glattfüßige Kröpfer aus Deutschland sind die Hessenkröpfer, die große Familie der Schlesischen Kröpfer, die Elsterkröpfer, die Steigerkröpfer (auch Klätscher genannt, weil sie beim Fliegen die Flügel laut klatschend zusammenschlagen).

Mit einem besonders großen Blaswerk sind die Norwichkröpfer ausgestattet. Ebenso bemerkenswert sind die Amsterdamer (einst mit der Bezeichnung „Ballon" versehen). Aus Südwesteuropa stammen ebenfalls einige zu den Kropftauben gehörige Vertreter.

Kröpfer – wie dieser Hanakröpfer schwarzgeschuppt – sollten bei Ausstellungen vorsichtig gefüttert werden, damit sie sich von ihrer besten Seite präsentieren können.

Farbentauben

Die Farbentauben und hier die glattfüßigen Rassen sind so etwas wie eine Stammform der Taubenrassen. Sie sind den Felsentauben am nächsten in Größe und Figur.

In Deutschland gibt es mehrere Gebiete mit spezifischen Farbentaubenrassen. Zu nennen sind hierbei Thüringen, Sachsen, Franken, Bayern und Baden-Württemberg.

Die wichtigsten hier zu nennenden Rassen wären dann: Flügeltauben, Schwalben, weißbindige Feldfarbentauben, Weißschwänze oder Schildtauben. Oft ist der wesentliche Unterschied die Tatsache der Verteilung der Latschenfedern.

Beispielsweise haben die Sächsischen Farbentauben generell belatschte Füße. Bei den Thüringer Farbentauben gibt es belatschte, bestrümpfte und glattfüßige Rassen. Die Thüringer sind sehr breit gestaffelt. Dadurch ist die Vielfalt größer als bei anderen Rassengruppen, wie zum Beispiel bei den Farbentauben aus Franken. Eine Übersicht über deutsche Farbentaubenhochburgen gibt ein vielfältiges Bild ab:

Sachsen	Thüringen	Süddeutschland	Franken
Brüster	Brüster	Blassen	Bernhardinerschecken
Feldfarbentauben	Goldkäfertauben	Echterdinger	Feldtauben
Flügeltauben	Einfarbige	Kohllerchen	Herzschecken
Mohrenköpfe, Altd.*	Flügeltauben	Latztauben	Samtschilder
Mönchtauben	Mäusertauben	Mohrenköpfe**	Schwalben
Mondtauben	Mönchtauben	Mondtauben	
Pfaffentauben	Mondtauben	Schildtauben	
Schildtauben	Schildtauben	Tigermohren	
Schnippentauben	Schnippentauben		
Schwalben	Storchtauben		
Storchtauben	Schwalbentauben		
Verkehrtflügeltauben	Weißköpfe		
Weißschwänze	Weißlatztauben, Weißschwänze		

* Altdeutsche Mohrenköpfe; **Württemberger Mohrenköpfe

Mit Fug und Recht kann man sagen, dass sie in ihrer Gesamtheit der zugehörigen Rassen ein exquisites Bild zeigen.

Zart gefärbte Rassen wie diese Sächsischen Mondtauben (gelb und braun) sollten nicht zu fetthaltig gefüttert werden.

Die Berner Lerchen gehören auch zu den Farbentauben.

Trommeltauben

Die Trommeltauben sind bis auf wenige Ausnahmen in den üblichen Taubenfarben vorhanden. Am verbreitetsten ist der Altenburger „Trommler". Weniger verbreitet sind die Dresdener Trommeltauben mit sehr schönen weißschildigen Tieren und die später entstandenen Harzburger Trommeltauben, den Dresdenern bis auf die fehlende Kopfhaube ähnlich.

Von den belatschten Typen sind die Deutschen Doppelkuppigen Trommeltauben zu nennen. In Franken gibt es ebenso eine eigene Rasse. Es sind quasi doppelkuppige Tauben mit nicht befiederten Füßen. Ebenso hat das Vogtland einen Weißkopftrommler, der genetisch aufspaltet in Weiß, ganzfarbig bzw. mit einem angestrebten Scheckenmuster versehen. In Schmölln, das in der Nähe von Altenburg liegt, züchtete man zuerst einen bestrümpften und gabelschwänzigen Trommler. Mit Latschen und Gabelschwanz sind die eher seltenen Deutschen Gabelschwanz-Trommeltauben ausgestattet.

Die Trommeltauben, die wegen ihrer lauten Balztöne auffallen, heißen deshalb so, weil die Laute der Täuber ähnlich klingen, als wenn man auf eine Trommel Erbsen fallen lässt. Trommeltauben sind auch mit belatschten, wenig befiederten und glattfüßigen Zehen und einem doppel- sowie schnabelkuppigen und unbehaubten Kopf bekannt.

Die Altenburger Trommeltaube ist der häufigste Vertreter der Trommeltrauben.

Strukturtauben

Mit einem aparten Federschmuck der verschiedensten Art sind die Strukturtauben versehen. Die Strukturtauben haben im Durchschnitt mehr Gefieder als andere Tauben. Es ist also darauf zu achten, dass genügend schwefelhaltige Aminosäuren im Futter enthalten sind. Der bekannteste Vertreter dieser Gruppe ist die Pfautaube. Sie schlägt ähnlich dem Pfau ein Rad. Das ist zwar nicht mit 1000 Augen in den Federn ausgestattet, aber durch die verschiedenen Farbenschläge – von einfarbig bis zu diversen Scheckungsmustern – gibt es eine schöne Vielfalt für diese kleinen Schmuckkästchen. Pfautauben haben dreimal so viele Schwanzfedern wie andere Taubenrassen.

Mit einem extravaganten Kopfschmuck sind die Perückentauben ausgestattet. Damit dieser richtig zur Geltung kommt, müssen die Tauben lang und schlank sein. Dann kann sich die „Perücke" richtig zeigen. Im Grunde ist diese Federstruktur aus einer Kopfhaube entstanden.

Über die Notwendigkeit der Ammenaufzucht gibt es hier sehr unterschiedliche Meinungen. Fakt ist, dass für das Brutgeschäft die Haube stört, also muss mit der Schere das Zuviel entfernt werden, aber nach der nächsten Mauser ist alles wieder in Ordnung. Weitere Vertreter dieser Kategorie sind die Lockentauben, die Altholländischen Kapuziner und die Schmalkaldener Mohrenköpfe.

Auch nicht so fluggewandte Tauben wie diese Lockentauben sollten zeitweise in den Freiflug dürfen.

Mövchentauben

Bei den Mövchen deutet das „chen" schon an, dass es sich um etwas Zierliches handeln muss. So ist es auch. Aus dieser Gruppe kommen die kleinsten Rassetauben.

Meist sind Mövchentauben kurzschnäbelig, wobei teilweise der Schnabel schon extrem kurz ist. Der Kopf ähnelt oft einem Würfel, die Haltung ist elegant oder apart und als Schmuck haben sie an der Brust ein Jabot.

Genetisch interessant sind einige Vererbungsspezialitäten vor allem bei den Orientalischen Mövchen. Die kleinste Rassetaube gehört auch dazu. Es sind die Figurita-Mövchen.

Für kleine Rassen wie dieses Orientalische Mövchen sollte das Futter kleinkörnig sein.

Tümmlertauben

Die Tümmlerrassen waren einst mehr oder weniger gute Flieger, meist mehr! Das Wort Tümmler hat nichts mit einer Delfinart gleichen Namens zu tun. Heute sind die Tümmler vor allem elegant, aber immer noch lebhaft und attraktiv. Die Einteilung dieser großen Gruppe ist gar nicht so einfach. Einmal kann man die Schnabellänge heranziehen, was auch praktiziert wird.

- Man unterscheidet bei den Tümmlern folgende Typen:
  - kurzschnäbelige Tümmler
  - mittelschnäbelige Tümmler
  - langschnäbelige Tümmler
- Die Namen der Rassen sind oft an Städte gebunden. Als Beispiel seien genannt: Berliner, Kasseler, Stralsunder, Memeler, Bremer, Danziger, Rostocker, Stargarder, Kölner, Wiener, Budapester, Temeschburger, Elbinger, Königsberger, Hamburger, Schöneberger, Stettiner, Taganroger, Gumbinner, Komorner, Rshewer, Tulaer, Rostower, Felegyhazaer, Stettiner und Breslauer Tümmler.
- Für Regionen und Länder steht folgende Auswahl: Deutsche, Dänische, Polnische, Niederländische, Altholländische, Pommersche, Lausitzer, Englische, Portugiesische, Altösterreichische, Persische, Rumänische, Chinesische, Nordkaukasische Tümmler und Märkische Elstern.

Zu den Tümmlern gehören auch die Roller mit den weit verbreiteten Orientalischen Rollern, die Tippler und speziell die Schautippler. Es findet sich auch die Bezeichnung Hochflieger, außerdem gibt es „Zitterhälse".

Wie bereits angedeutet, kommt es bei den Rassetauben auf die äußere Form, Farbe und die Zeichnung an. Es sind keine exakt messbaren Kriterien, wie das bei Brieftauben, Spielflugtauben oder Hoch- und Dauerfliegern eher der Fall ist. Der Autor ist selbst seit Jahrzehnten begeisterter Rassetaubenzüchter und kennt die Probleme, die durch das Fokussieren von Äußerlichkeiten entstehen.

Slenkentauben mit ihrem etwas außergewöhnlichen Erscheinungsbild sind recht agil.

Spielflugtauben

Das hervorstechende Merkmal dieser Taubengruppe ist das Ringschlagen. Dabei umfliegt der Täuber beim Balzflug mit klatschendem Flügelschlagen die Täubin.

Zu dieser Gruppe zählen die Anatolischen, Belgischen und Rheinischen Ringschläger, außerdem die Groninger Slenken sowie die Speelderken.

Brieftauben

Brieftauben sind mittelgroße Tauben im kräftigen Feldtaubentyp. Hier kommt es bei den Zuchttieren darauf an, dass sie in kurzer Zeit eine ausreichende Anzahl an Jungtieren bringen. Bei den Wettbewerben wird ein gut trainierter Trupp gebraucht. Das trifft sowohl für die Alttauben als auch die Jungtauben zu, die dann in jeweiligen Klassen starten. Es ist populationsgenetisch ein äußerst interessantes Feld und hat schon viele Genetiker und genetisch interessierte Leute angezogen und ihnen auch entsprechende Erfolge gebracht.

Bei den Wettbewerbsflügen ist ein intensives und möglichst lange vorhaltendes Futter Grundlage für einen Erfolg. Es muss sehr kompakt sein mit wenig Ballaststoffen und somit auch für lange Strecken geeignet. Daran wird gearbeitet. Fütterung und Training müssen aufeinander abgestimmt werden, um Bestleistungen zu erzielen.

Das Training läuft nach ähnlichen Prinzipien ab wie beim Menschen. Dazu kommt bei Tauben noch eine unbarmherzige Selektion: Wer den Anschluss verpasst und nicht zu Hause ankommt, hat geringe Chancen zu überleben. Manche Brieftaube hat das Glück, in einer Voliere für Nachzucht zu sorgen und sich dabei wohlzufühlen.

SCHÖNHEIT UND LEISTUNG

Bei den Brieftauben geht es absolut um eine Leistung, die messbar ist und nach der man selektieren kann. Es ist eine Hobbyrasse mit Eigenleistungsergebnissen. Das ist ein großer Vorteil gegenüber den Schönheitswettbewerben der Ausstellungsrassen. Allerdings gibt es auch bei Brieftauben Schönheitswettbewerbe. Da schwebt gewissermaßen die alte Formel von „Schönheit und Leistung" im Hintergrund.

Brieftauben werden auch als die Rennpferde des kleinen Mannes bezeichnet. Ihre Ursprünge liegen für Deutschland in den großen Industriegebieten des Rheinlandes. Dort ist jetzt noch der Schwerpunkt der deutschen Brieftaubenzucht zu finden.

Es sind viele Brieftaubenzüchter, die auch allerhand Geld in das Hobby investieren und es leben auch Leute von Brieftauben. Das kann durch langjährige Zuchtergebnisse mit Spitzenleistungen erfolgen oder über die Ausrüstungsbranche, die immer umfänglicher wird. Hochburgen der europäischen Brieftaubenzuchten liegen in Belgien, den Niederlanden und England. Aber auch in Deutschland existieren hervorragende Brieftaubenzuchten. Nicht zu vergessen sind die herausragenden Zuchten in den USA und Australien. Die Brieftauben beförderten ursprünglich wirklich Briefe. Sie wurden auf Expeditionen, bei Reisen und in Kriegen als Informationsüberbringer eingesetzt. Auch für Spionagezwecke waren sie lange im Einsatz. Dazu wurden entsprechend kleine Kameras entwickelt. In der Schweiz gab es übrigens lange Zeit noch Brieftauben in der Armee. Die letzten Brieftauben wurden 1997 in den Ruhestand versetzt. Die USA schafften bereits 1957 ihre Brieftauben ab. Wie lange sie wirklich für geheime Botschaften gebraucht wurden, weiß heute wohl niemand genau. Die Tauben waren stille Helfer in Kriegen und eine Brieftaube wurde posthum mit der Verleihung der französischen Staatsangehörigkeit ausgezeichnet. Sie hatte, bereits angeschossen, noch ihre Post übermittelt und rettete damit 194 Soldaten das Leben. Sie trug den schönen Namen „Cher ami".

So sieht eine erfolgreiche Brieftaube aus.

Die Computernutzung ist heute auch in der Brieftaubenzucht üblich. Mit Mikrochip ausgestattet, ist die Messung der Ankunftszeit exakt feststellbar. Chips, die in den Fußringen versteckt sind, erleichtern und beschleunigen die Ausrechnung der Flugdauer. Konstatieruhr und andere Methoden zur Ermittlung der Siegertauben waren eine ehemals exakte Grundlage für die heutige moderne Datenerfassung.

Mancher glaubt, dass es nur in Deutschland so viele Brieftauben gibt. Doch das ist ein Irrtum. Die Zahlen über unsere Nachbarländer Belgien und den Niederlanden deuten auf noch mehr „Taubenverrücktheit".

Häufigkeit der Brieftaubenhaltung in einigen Ländern Europas (Stand 2011)

Land	Fläche in Millionen km²	Einwohner in Millionen	Mitglieder	aktive Schläge
Belgien	30.513	10.500	39.000	25.000
Niederlande	41.000	16.570	29.000	22.000
Deutschland	357.046	82.501	51.236	28.549

Hochflieger und Kunstflieger

Ein eher seltener ausgeübter Taubensport ist die Hochfliegerei, das ist eine Nutzung als Hochflieger unter Wettbewerbsbedingungen. Die Hochfliegerei ist eine der ursprünglichsten Formen der Taubennutzung. Sie bietet nicht wenig Nervenkitzel. Es gibt erfreuliche Entwicklungen, die zumindest den Erhalt dieses Sports gewährleisten.

Hochflugsport ist eher regional verbreitet und wenn es auch keine Großveranstaltung ist, gibt dieser Sport doch den Taubenzüchtern ein prickelndes Erfolgserlebnis. Noch gibt es begeisterte Taubenzüchter mit diesem Hobby. Besonders verdient gemacht hat sich Heinz Kaupschäfer um den Hochflugsport in Deutschland.

Vom Namen der Rassen ausgehend, gibt es viele Hochflieger. Meist sind es aber Ausstellungstauben geworden, die alles tun, nur nicht hoch zu fliegen.

Die echten, noch vorhandenen Rassen sind weniger große Tiere und kleiner als Brieftauben.

Wesentliche Fortschritte gab es durch die Nutzung von Tipplern im Flugtaubensport. Die Tippler sind kleine agile Täubchen, die im Trupp fliegen und beste Hochflugfähigkeiten aufweisen. Tippler sind aus England nach Deutschland gekommen.

Bei den Hochfliegern gibt es Spezialtrupps, die schnell sehr hoch fliegen, aber auch bald zurückkommen. Dann gibt es als Gegenstück die Dauerflieger, deren Spitzentrupps fast einen ganzen Tag in der Luft bleiben. Der Weltrekord liegt bei etwa 20 Stunden. Weiterhin gibt es neben den Truppfliegern gleichermaßen Solisten.

KORNGRÖSSE

Die Ansprüche an die Korngröße des Futters sind entsprechend. Dieses muss mehr oder weniger schnell abgebaut werden, je nach Dauer der Aktion. Da gibt es Unterschiede in der Korngröße und in der Abbaufähigkeit des Futters. Auch die Menge spielt eine Rolle. Je mehr die Taube aufnimmt, umso länger kann sie in der Luft bleiben. Gefährlich für die Tauben wird es, wenn plötzlich ein Wetterwechsel kommt oder eine Gewitterfront durchzieht, was zu entsprechender Unruhe im Flugablauf führt.
Es gilt also insbesondere darauf zu achten, dass nicht zu viel Futter und kein schwer verdauliches Futter vor Flugbeginn aufgenommen werden.

Ebenso interessant ist der Kunstflug und ebenfalls werden artistische Leistungen am Boden gezeigt. Hierzu gehören die Purzler und die Roller, deren bekannteste und verbreitetste Rasse die Orientalischen Roller sind. Mittlerweile sind etliche Rassen aus dem Ausland hinzugekommen. Sie überschlagen sich in der Luft und es gibt dabei auch mal Todesfälle, wenn ein Tier nicht mehr in die normale Lage kommt.

Neben den Luftakrobaten gibt es Bodenpurzler, die sich über eine bestimmte Strecke purzelnd bewegen. Den Kunstfliegern stehen die Sturzflieger nahe, die von der Höhe heruntergeschossen kommen bis auf Höhe des Schlages. Diesen „Spaß“ wiederholen sie oft mehrmals.

Spezielle Wettbewerbe mit Tauben

Spielflugtaubensport mit Ringschlägern

Ringschläger stehen in den Schönheitswettbewerben, außerdem können sie noch an Balzturnieren teilnehmen.

Das Balzverhalten der Tauben im Allgemeinen wird bei den Ringschlägern genutzt, da es bei diesen Rassen durch entsprechende Auslese verstärkt wurde. Die Täuberiche umkreisen einzeln flügelschlagend die Auserwählte. Die Dauer und die Häufigkeit des Umfliegens ist dabei ein messbares Merkmal.

Die Zahl der Ringschlägerrassen ist dabei nicht sehr groß. In Deutschland sind die Rheinischen und die Belgischen Ringschläger vertreten. Ein Leistungsgebiet befindet sich in der Gegend östlich von Leipzig und das hat in Gerhard Beyer einen hervorragenden Kenner und Förderer dieser Rasse.

Trommelwettbewerb

Es gibt auch noch andere Wettbewerbe, die seltener geworden sind, zum Beispiel das „Trommeln“ der Trommeltauben. Das ist im Altenburger Raum in einem gewissen Grad noch üblich.

Diesem „Diebeskröpfer" blitzt das Temperament aus den Augen heraus – auch dank einer rassegemäßen Fütterung.

Diebestaubensport

Eine weitere interessante Taubensportart, die gewissermaßen „kriminell" sein kann, ist der Diebestaubensport. Bei diesem Spiel lockt man die Täubinnen des Nachbarn mit entsprechend aktiven Täubern vom Besitzer weg und fängt sie ein. Kriminell ist das Spiel, wenn die Tauben verschwinden. Legal ist die Variante, dass die anderen Züchter ihre „abtrünnigen Täubinnen" gegen eine entsprechende Summe zurückbekommen. Das lässt sich auch als Meisterschaft austragen und kann schon Spaß machen. Auch die Ringschläger sind unter Umständen für den Diebestaubensport geeignet.

Fleischtauben

Wie wunderbar Täubchen schmecken, wissen eigentlich viel zu wenige Menschen. Damit sie schmecken, müssen sie ordentlich zubereitet und dürfen nicht zu alt sein.

Die geringe Vermehrungsrate der Tauben und die Probleme eines Nesthockers, der von den Eltern gefüttert werden muss, machen sie schon deshalb zu einem teuren Braten. Es ist also normal, dass Täubchen nicht billig sind. Die wichtigsten Kosten, die dabei anfallen, sind die Futterkosten und ganz besonders die Betreuungskosten.

Personen, die verwilderte Tauben als Fleischlieferanten sehen und nutzen, kommen auf billige Art an Taubenfleisch, aber sie leben gefährlich. Krankheiten wie Ornithose oder Salmonellose sind hierbei eine große Gefahr für die Menschen. Es hat schon viele tödlich ausgegangene Unfälle durch die Erreger dieser Krankheiten gegeben. Wer einwandfreie Schlachttauben erwerben will, kann das auf Wochenmärkten tun, denn dort werden oft Schlachttäubchen aus kontrollierter Haltung angeboten.

Als Kunde muss man suchen, um die preiswertesten Täubchen ausfindig zu machen. Sollten die Täubchen nicht schmecken, gibt es nur einen Grund: Es wurde etwas falsch gemacht. Am besten, man wechselt den Koch! Vielleicht auch das Kochbuch.

Einfluss durch Umweltfaktoren

Einfluss des Klimas

Das Licht stimuliert oder hemmt die Fortpflanzung und das Wachstum. Bei zu wenig Licht geht bei Legehühnern oder Legewachteln und natürlich bei allen in menschlicher Nutzung gehaltenen Geflügelarten die Legeleistung zurück. Sie kann auch völlig eingestellt werden. Mit zunehmender Tageslichtlänge steigt die Wahrscheinlichkeit, dass die Tiere wieder legen. Das ist bei Tauben im Prinzip ähnlich und man kann mit zusätzlicher Lichtgabe erreichen, dass die Tiere zu einem zeitigeren Legebeginn gebracht werden. Das geht nun bei Tauben nicht in der Weise weiter, dass sie statt zwei Eier ein Vielfaches vom Zweiergelege bringen.

Man kann durch zusätzliche Lichtgaben erreichen, dass die Tauben rechtzeitig mit der Brut beginnen. Dazu zählen Balz, Paarung und Nestbau. Diese Veränderungen im täglichen Ablauf beeinflussen den Bedarf an Futter. Bei der zusätzlichen Lichtgabe werden zuerst die Täuber aktiv und ihr Energiebedarf wächst. Ihr höheres Körpergewicht reduziert sich, denn bei der beginnenden oder bereits laufenden Balz und den Brutvorbereitungen ist weniger Zeit zum Fressen und damit sinkt das Körpergewicht.

Die Bedingungen, unter denen Tauben gehalten werden, beeinflussen auch ihre Vitalität.

Gewissermaßen leben sie von angefressenen Reserven aus der Winterpause. Mit dem Gelege, das bebrütet wird, zieht wieder etwas Ruhe ein. Die Täuber brüten bekanntlich am Tage, wobei es gewisse Unterschiede von Rasse zu Rasse gibt.

Der Kampf um das beste Nest hört oftmals nicht auf und so sind die Täuber öfter mal im „Einsatz". Das schlägt sich auch im Gewicht nieder, wie nachstehendes Schaubild zeigt. Wenn sich bei der Täubin der Eierstock entwickelt und nach einigen Tagen das erste Ei gelegt wird, haben sie mehr Ruhe und werden schwerer als die Täuber.

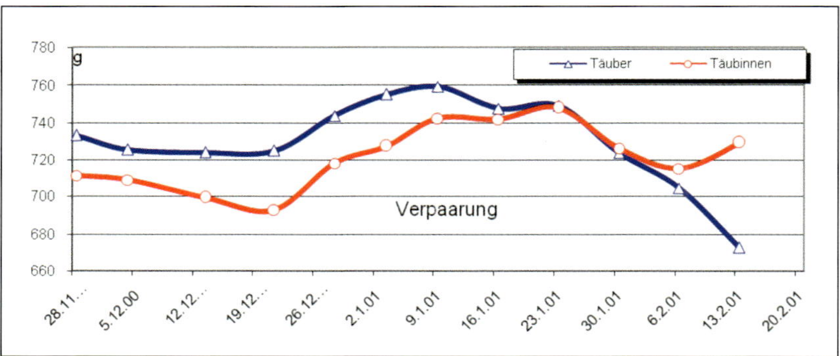

Typische Gewichtsveränderungen bei Zuchttauben: Texanerzucht mit Winterpause

Der Klimafaktor Temperatur ist auf das Engste mit dem Futterbedarf verbunden. Es ist leicht zu belegen, dass mit zunehmend kühlerem Wetter der Futterbedarf, speziell der Energiebedarf, steigt. Das ist ein Faktor, der bei der Bereitstellung von Futter beachtet werden muss. Dabei geht es um Wachstum und normales Leben in Abhängigkeit von der Umwelt.

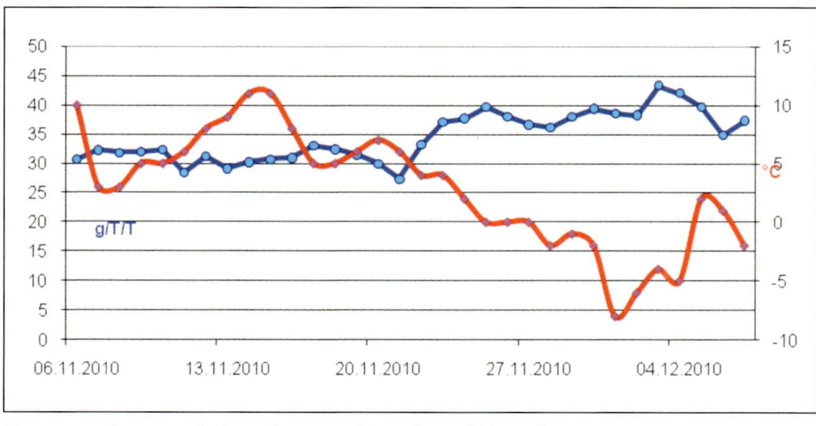

Zusammenhang zwischen Futterverbrauch und Umgebungstemperatur

Die Luftfeuchtigkeit spielt eine wichtige Rolle bei der Temperaturregelung im Taubenschlag. Zu hohe Luftfeuchtigkeit führt zum Beispiel bei der Legehennenhaltung zu einer Reduzierung der Wärme des Stalles. Das ist bei Tauben weniger bedeutungsvoll, da die Besatzdichte geringer ist und damit die Wasserausscheidung weniger zu Buche schlägt.

Es besteht aber die Gefahr, dass die Luft im Taubenschlag bei nassem Wetter zu erhöhter Feuchtigkeit neigt. Es wird deshalb nicht umsonst gefordert, für trockene, zugfreie Schläge zu sorgen. Zum anderen können zu trockene Schläge, die Ursache für staubige Luft, die Lungen der Tauben über Gebühr belasten. Natürlich sind die Lungen des Züchters gleichermaßen betroffen. Am günstigsten ist es, eine relative Luftfeuchtigkeit von etwa 40–60 % anzustreben. Das ist im Winter kaum zu erreichen, es sei denn, man hat einen temperierten Taubenschlag!

Die Luftzusammensetzung ist durch Sauberkeit und optimale Feuchtigkeit zu regeln. Das bedeutet, dass je nach Besatzdichte die Intensität der Reinigungsarbeiten angepasst sein muss. Das garantiert eine saubere Luft. Diese ist auch eine Voraussetzung für eine normale Futteraufnahme.

Die Bedeutung des Luftdruckes wird teils überschätzt und teils unterschätzt. Es ist schwer, die durch den Luftdruck bewirkten Veränderungen zu erfassen. Möglicherweise erfolgt die Hauptwirkung des Luftdruckes über den entstehenden Wind und die wiederum daraus resultierenden Stürme. Luftdruckdifferenzen sind also der Ausgangspunkt des Geschehens. Winde sorgen schneller für Zugluft, die ein Auskühlen der Tauben beschleunigen und zu einem erhöhten Energiebedarf führen.

Mit Nutzung der Klimafaktoren gelingt es zum Beispiel, im Frühjahr den Bestand schnell zu verpaaren und einheitlich die ersten Schlüpfe weitestgehend gemeinsam über die Bühne zu bringen.

Dazu muss man die Tauben getrennt voneinander mit einer Lichttagsverlängerung stimulieren. Außerdem empfiehlt es sich, auch mal zu anregendem Futter zu greifen. Es ist angeraten, den Wetterbericht zu verfolgen und sich über die Großwetterlage zu informieren. Sind die Tiere schon sehr paarungsbereit, aber es ist gerade eine Kälteperiode im Kommen, sollte man ruhig noch warten. Gibt es aber Hinweise auf mildes Wetter, sollte man der Verpaarung freie Bahn geben.

Einfluss der Haltung

Die wichtigsten Haltungsfaktoren werden durch die Art der Nutzung der Tauben bestimmt. Bei Brieftauben sieht man nicht selten bei der Schlagausrüstung Metall- oder Plastikgitter als Fußbodenmaterial. Eine Haltung auf Rostgittern ist bei verschiedenen glattfüßigen Taubenrassen mittlerweile die Methode der Wahl. Verbessert werden auf diese Art und Weise unterschiedliche Klimafaktoren und das weite Gebiet der Hygiene. Die Schlageinrichtung sollte auf die Nutzungsart abgestimmt und ausgerichtet sein.

Für eine Besatzdichte gibt es keine wissenschaftlich begründeten Vorgaben. Man findet lediglich Schätzwerte „über den Daumen gepeilt“ vor.

Beim Platzbedarf spielt auch die Frage nach Dingen wie Freiflug oder Volierenhaltung eine Rolle. Weiterhin ist die Haltungsmethode der Nachzucht von nicht geringer Bedeutung. Es ist ein Unterschied, ob die Jungtiere nach dem Absetzen im Zuchtschlag bleiben, wo sie unter Umständen die Brut stören können oder nicht genügend Futter erhalten, weil die erwachsenen Tiere zuerst fressen bzw. Futter für die nächste Nachzucht aufnehmen. Im Jungtierschlag finden sie günstigere Voraussetzungen und werden weniger gestört.

Folgende Anforderungen wurden sporadisch aufgestellt und sind zweifelsfrei nicht der Weisheit letzter Schluss. Aber es sind wenigstens Anhaltspunkte. Genau genommen müsste es sozusagen für jede Rasse besondere Empfehlungen oder gar Vorschriften zur Haltung geben. Diesen Unfug wollen wir uns jedoch nicht antun.

Richtwerte für die optimale Schlagklimagestaltung (nach Vogel, 1973)

Anforderungen	Größenordnung
Fensterfläche zur Grundfläche	10–20 %
lichte Höhe	1,90–2,2 m
Beleuchtung je m^2 Bodenfläche	1–2 Watt
Luftraum je kg Körpergewicht	0,25–0,50 m^3
maximaler Staubgehalt	10 mg/m^3
zulässiger Keimgehalt	500–1000 je l Luft
Ammoniak	20 ppm
Schwefelwasserstoff	10 ppm
Kohlendioxid	2000 ppm
Strömungsgeschwindigkeit der Luft	0,1–0,5 m/sec
Lufttemperatur	5–28 °C
relative Luftfeuchtigkeit	60–80 %

Die genannten Haltungsvarianten haben wiederum einen Einfluss auf den Futterverbrauch. Ein einfaches Beispiel kann man an der Luftfeuchtigkeit ermessen. Ist es feucht und kalt im Taubenschlag und kommt dann noch Zugluft hinzu, ist schnell mit erhöhtem Futterverbrauch zu rechnen. Andererseits besteht auch immer die Gefahr einer Erkrankung der Tiere. Zugluft allein erhöht den Futterverbrauch bereits in starkem Maß.

Einfluss der Fütterungs- und Ernährungsfaktoren

Die jeweils aktuellen Fütterungsmethoden und Verfahren haben Einfluss auf den Futterverbrauch. Dabei werden auch Querverbindungen von Bedeutung sein. Das Beispiel des Zusammenhangs zwischen Klima und Fütterungsfaktoren wurde schon gezeigt. Dabei nehmen die Tiere bei kürzer werdenden Tageslängen mehr Energie auf, das heißt, dass Körner wie Sonnenblumenkerne oder Mais und Raps bzw. andere Energieträger stärker gefressen werden.

Hierzu gehört auch der Problemkreis des Energieab- und -aufbaus. Veränderungen im Bedarf an Futter können auch entstehen, wenn ein Vitaminmangel oder ein Mineralstoffmangel vorliegt.

Ein wichtiger Umweltfaktor ist das Wasser. Steht es nicht in ausreichender Menge zur Verfügung, so sind bei Jungtieren zum Beispiel Wachstumsdepressionen zu erwarten. Es kommt zu verminderten Zunahmen bei Jungtieren und die Wahrscheinlichkeit, dass Verluste eintreten, ist ebenso groß wie Ausfallerscheinungen der Legetätigkeit bei anderem Geflügel.

In der paarweisen Boxenhaltung eignen sich Futterautomaten, wie sie bei der Kaninchenzucht verwendet werden.

Fütterungs- und Tränkgerätschaften

Die wichtigsten Forderungen an die Fütterungs- und Tränkgerätschaften sind Sauberkeit und Hygiene. Das hilft wesentlich mit, möglichen Krankheiten vorzubeugen und damit Verluste zu mindern.

Voraussetzung ist dabei die ausreichende Reinigung. Das kann täglich sein bei Freiflug und muss sogar täglich sein bei Volierenhaltung. Im Sommer ist es ganz besonders wichtig wegen der meist größeren Besatzdichte. Dass die Gerätschaften gut zugänglich sein sollen und keine Verletzungsgefahr von ihnen ausgehen darf, sollte nicht vergessen werden.

Am wenigsten ist Holz für Futterbehälter geeignet. Holz kann nur keimfrei gemacht werden, wenn man es verbrennt! Es bietet zu vielen Schädlingen gute Versteckmöglichkeiten.

Futter muss trocken und wildnagersicher gelagert werden. Günstiger als Holzkisten sind Kunststoffbehälter und verschiedene möglichst rostfreie Metalle. Ebenso hat sich im Geflügelbereich der Einsatz von mit Plastik beschichteten Metallen bewährt. Das ist mit großer Wahrscheinlichkeit, speziell wenn es um Haltungsfragen geht, für die Tiere angenehmer.

Es gibt eine große Auswahl an fertigen Futtertrögen und Tränken für kleine, mittlere oder große Tauben in einschlägigen Geschäften. Man sollte sich bei geplanten Käufen aber rechtzeitig umsehen und informieren, wenn man etwas Neues anschaffen will, das den Anforderungen entspricht und dem Geldbeutel bekommt. Oft kann man auch bei größeren Ausstellungen direkt vom Händler oder Produzenten kaufen. Natürlich kann man sich einiges selbst bauen.

Bei den Futterbehältern ist wichtig, dass die Tauben nicht hineinsteigen können, um das Futter nicht zu verschmutzen. Teilweise bringt man Bügel über der Fressfläche an, um das Einsteigen in den Futtertrog zu verhindern. Manchmal ist eine bewegliche Stange über dem Behälter angebracht, die ein Aufsitzen über der Futterfläche verhindert. Gleichzeitig ist diese Stange eine gute Transportmöglichkeit für den Futtertrog. Die Größe oder das Fassungsvermögen richtet sich nach der Fütterungsmethode. Hat man Zeit und kann die Tauben mehrmals am Tage füttern, können die Tröge kleiner sein. Natürlich muss die Fressfläche groß genug sein, damit alle Tauben gleichzeitig fressen können.

Bei der sogenannten Cafeteriafütterung benötigt man so viele Futterbehälter, wie man Futtersorten einsetzt. Es empfiehlt sich aber bei dieser Fütterungsmethode, ausreichend große Behälter zu wählen, damit eine Mehrtagesration hineinpasst. Es gibt dazu beim Geflügelausrüster eine breite Auswahl an guten Futterautomaten.

Der Boden der Tröge und Futterrinnen sollte eine Breite von 10 bis 15 cm aufweisen und eine äußere Höhe von 5 bis 10 cm haben. Die Länge richtet sich nach der Tierzahl. Dabei ist mit einer Fressplatzbreite von 4 bis 10 cm zu rechnen. In diesem Rahmen bewegen sich die Ansprüche der kleinsten und der großen Tauben.

Züchter langhalsiger und gestreckt aussehender Rassen empfehlen die Futterbehälter so aufzustellen, dass sich die Tauben recken und strecken müssen. Der Boden des Futtertroges ist dann höher als bei üblichen Maßen. Ein paar Trogprofile sind im Folgenden zusammengestellt.

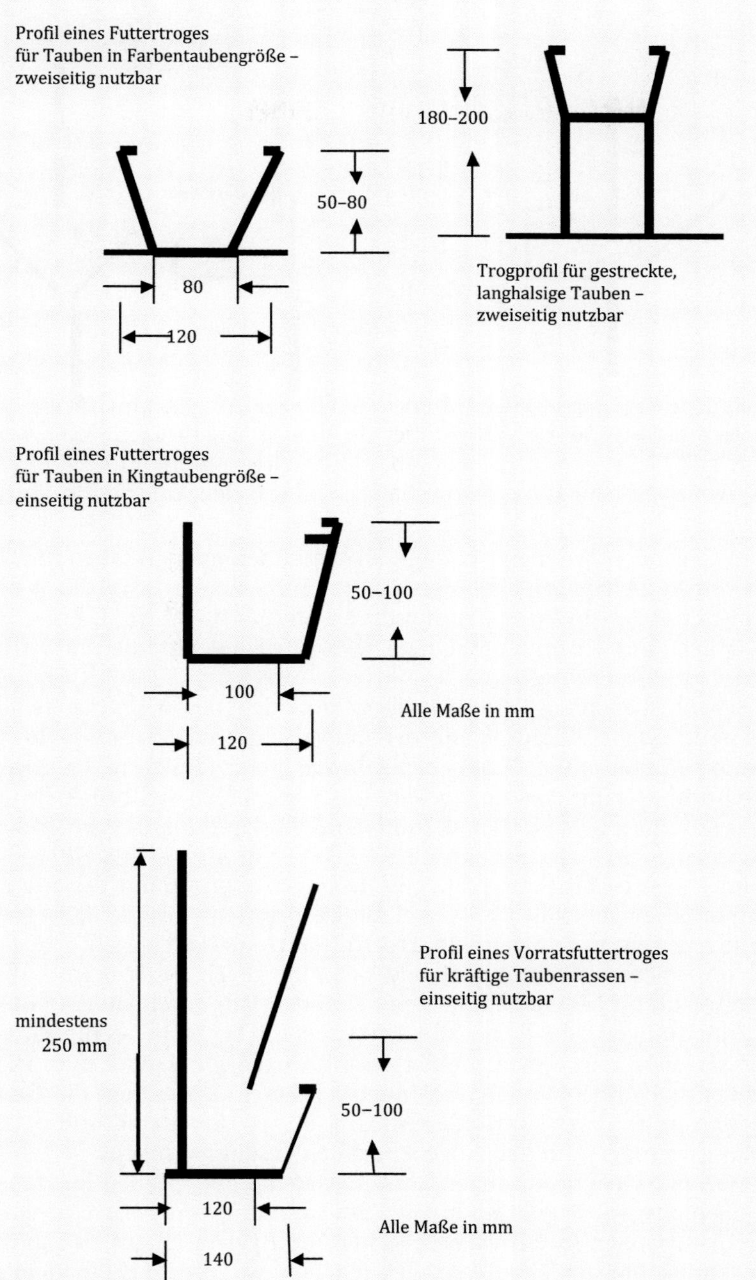
Profil eines Futtertroges
für Tauben in Farbentaubengröße –
zweiseitig nutzbar
50–80
80
120
180–200
Trogprofil für gestreckte,
langhalsige Tauben –
zweiseitig nutzbar
Profil eines Futtertroges
für Tauben in Kingtaubengröße –
einseitig nutzbar
50–100
100
120
Alle Maße in mm
mindestens
250 mm
Profil eines Vorratsfuttertroges
für kräftige Taubenrassen –
einseitig nutzbar
50–100
120
140
Alle Maße in mm

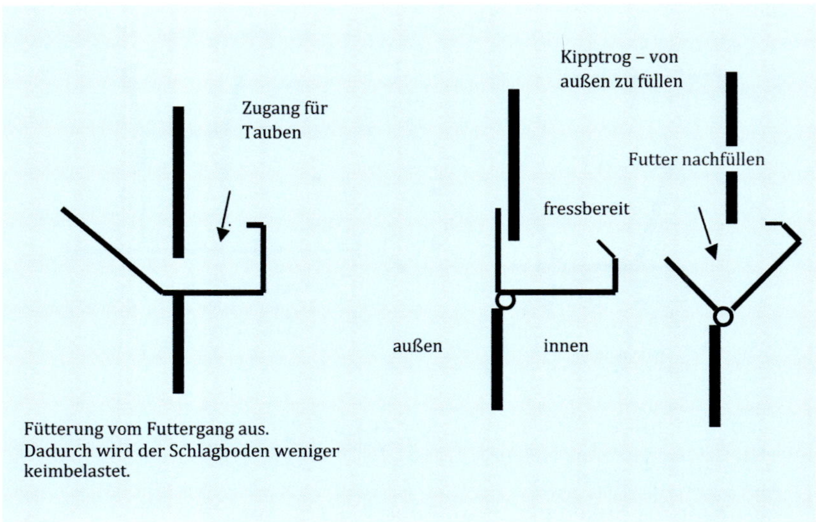

In Gegenden, wo man nicht mit Frost rechnen muss, ist auch der Einsatz von Nippeltränkanlagen möglich. Wichtig dabei ist, dass das Wasser nicht mit üblichem Wasserleitungsdruck auf die Nippel wirkt. Es ist also ein Druckminderer nötig. Eine tägliche Kontrolle der Tränk- und Futtergerätschaften ist notwendig.

Beliebt ist auch das Füttern auf dem Erdboden, besonders bei Freiflug. Das sieht sehr schön aus, wenn der Taubenschwarm sich auf die ausgestreuten Körner stürzt. Abgesehen von der Verunreinigung des Futters besteht die Gefahr, dass ungebetene Gäste kommen, sich bedienen und ihren Kot mit absetzen. Hier kann man im Prinzip nur anfüttern und die Hauptmenge im Schlag verabreichen.

Im Freien ist als Futterplatz ein ausrangierter Tisch gut geeignet. Er kann in beliebiger Höhe über dem Erdboden einrichtet werden. Die Fressfläche muss gut zu reinigen sein. Das trifft auch für das gelegentliche Füttern im Freien zu. Wenn anfallender Schmutz gleich entfernt wird, sieht es besser aus und es entsteht keine Infektionsgefahr durch andere Vögel.

Zum Tränken gibt es die Möglichkeit, spezielle Tauben-Stülptränken einzusetzen, die in verschiedenen Ausführungen im Handel sind. Diese Tränken haben den Vorteil, dass man bei dieser Gelegenheit die Gerätschaften prüfen und kontrollieren kann, ob sie sauber sind und ob das Fassungsvermögen für den zu versorgenden Bestand ausreicht.

Man muss sich informieren, was an Material und Größen im Handel ist. Ebenfalls sind Tränkrinnen zur Vorratshaltung von Wasser geeignet. Durchlauftränken sind sogar sehr sicher und hygienisch gut zu handhaben. Man sollte sich aber Gedanken machen, wie man das durchgeflossene Wasser noch anderweitig nutzen kann.

Für den Anfänger reichen oft zwei herkömmliche Futtertröge oder -näpfe: einer für Wasser und einer für Futter. Bald kommt ein dritter Trog dazu – der für den Taubenstein oder die Mineralstoffe.

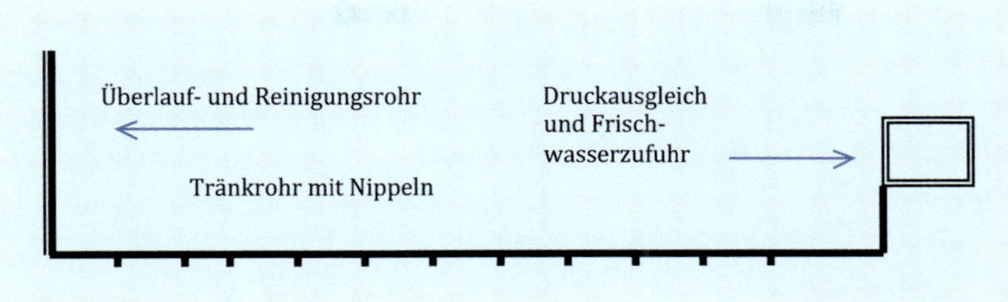

Daneben gibt es auch stationäre Tränken, die automatisch gefüllt werden und damit immer frisches Wasser bringen. Das geht per Schwimmertränke recht gut und sicher.

Schwimmertränken gibt es in robusten Ausführungen. Sie sind für größere Bestände bestens geeignet. Diese Tränken haben in der Regel ihren Härtetest in der Wirtschaftsgeflügelhaltung absolviert.

Wenn man weiß, dass Tauben das Wasser gleichsam aus dem Wasserbehälter in den Kropf saugen, kann man folgern, dass die bekannten Nippeltränken nicht geeignet sind, denn da kommt das Wasser nicht von unten, sondern von oben oder von der Seite. Über das Trinken der Tauben gibt es einige umfangreiche Untersuchungen, deren Quintessenz lautet: „Von unten aus dem Wasserbehälter oder bei Wildtauben aus dem nächsten Tümpel nach oben wird das Wasser eingezogen." Das ist aber nur zum Teil richtig, denn wenn die Tauben daran gewöhnt sind, geht das eigentlich nicht artgerechte Trinken aus einer höher gelegenen Tränke, wie beispielsweise der Nippeltränke, doch sehr gut. Ein Nachteil bleibt, wenn der Taubenschlag nicht frostfrei ist. Das Wasser gefriert in der Leitung und im ungünstigsten Fall platzen die Rohre. Gleiches trifft auch für die Schwimmertränken zu und natürlich für die gesamte Wasserversorgung.

Für den Frostschutz werden beheizbare Tränken empfohlen. Voraussetzung ist aber, dass Strom zur Verfügung steht. In Regionen mit kaum einer Gefahr durch Frost können die Taubenhalter, wie zum Beispiel im Elsass, ganzjährig mit ungeschützten Wasserleitungen arbeiten. Das ist gewissermaßen ein Wettbewerbsvorteil gegenüber Züchtern mit Frostperioden im Winter und den aufwendigen zusätzlichen Handarbeiten.

Wenn man mit Tränken arbeitet, die ständig Wasser führen, muss auch an das regelmäßige Reinigen derselben gedacht werden. Des Weiteren ist zu berücksichtigen, dass die automatischen Tränken mit Druckminderern ausgestattet sein müssen. Diese sind notwendig, denn selbst bei minimalem Leitungsdruck würden die Tauben beispielsweise die Nippel nicht bewegen können und bei Havarien würde zu viel Wasser wegfließen.

Diese Pfautaube möchte am Tränkautomaten ihren Durst stillen. Durch das erhöhte Aufstellen werden Verschmutzungen des Gefieders verhindert.

Der einfachste Druckminderer ist ein Spülkasten, wie er in Toilettenspülungen neben anderen Systemen Verwendung findet. Dabei ist hier nicht nur der Taubenproduzent angesprochen, sondern gleichfalls der Hobbytaubenhalter oder Taubenzüchter, ganz egal, welche Richtung betrieben wird.

Beim Wirtschaftstaubenzüchter sind es die Lohnkosten, die bei zusätzlicher Arbeit zunehmen, beim Taubenfreund ist es die Freizeit, die er lieber zum Beobachten nutzt.

Als günstig zur Bevorratung haben sich auch Rundfutterautomaten erwiesen. Sie sind stabil und gut zu reinigen. Es gibt sie in einigen Größen. Man muss sich dazu bei Ausrüstern für die Geflügelindustrie informieren.

Praktische Fütterung und Wasserversorgung

Hier werden Ergebnisse aus der Fachliteratur und eigene Untersuchungen mit Tauben eingeschlossen. Die eigenen Ergebnisse stammen aus Versuchen mit Fleischtauben in der Landesanstalt für Landwirtschaft in Iden/Sachsen-Anhalt und eigenen Untersuchungen mit Farbentauben und Formentauben.

Fütterung und Tränkung gehören zusammen. Eine Seite bedingt die andere. Wenn auf einer Seite Mangel besteht, wird auch der andere Faktor beeinflusst.

Wasserbedarf

Die Frage nach der Tränkwasserqualität und nach möglichen Zusätzen wird sehr häufig gestellt. Ebenso steht immer wieder die Frage an, ob es nicht besser ist, dem Trinkwasser „stärkende" Mittel beizumischen. Bei Versuchen in Rostock mit Tauben verglich man Traubenzucker (Glukose) und Rohrzucker (Saccharose), jeweils in Wasser gelöst, mit ungesüßtem Trinkwasser.

Den Tauben schmeckte eindeutig das mit Traubenzucker gesüßte Wasser am besten. Sie zogen es dem unbehandelten Wasser und dem mit Rohrzucker gesüßten Wasser vor. Rohrzucker machte die Tauben durstig.

Die Zuckermengen waren nie so umfangreich, dass sie eine Ablehnung bei den Tauben erzielt haben könnten. Der Wissenschaftler konnte auch feststellen, dass Tauben empfindlicher reagieren als Hennen- oder Hähnchenküken.

In diesem Rostocker Versuch waren Sporttauben und Startauben (eine glattfüßige Farbentaubenrasse) eingesetzt. Die Brieftauben tranken zwischen 54 und 88 ml und die Startauben 54 bis 57 ml in der Eingewöhnungszeit. In der Periode nach dem Versuch tranken die Brieftauben zwischen 74 und 120 ml und die Startauben kamen bei nur einem Test auf 69 ml.

Das zeigt deutlich an, dass bei der Taubenhaltung auch ausreichend Wasser bereitgestellt werden muss. Im Prinzip ist mindestens eine Wassermenge zu geben, die das Zwei- bis Dreifache der Futtermenge beträgt.

Natürlich sind die Wassermengen auch in Abhängigkeit von den Umweltbedingungen zu sehen. Je höher die Temperaturen, umso weniger wird gefressen, aber umso mehr steigt der Wasserverbrauch.

Futter- und Wasseranteil in Relation zur Umwelttemperatur (nach Engelmann, 1981)

Lufttemperatur in °C	Verhältnis Futter und Trinkwasser zum Kotanteil	Wassergehalt des Kotes in %
–7 bis 4	1,5 : 1	75
5 bis 15	1,7 : 1	77
16 bis 28	1,9 : 1	79
29 bis 38	2,1 : 1	81

Es ist also richtig, wenn man von der zwei- bis dreifachen Wassermenge beim Tränken ausgeht. Sie kann auch bis viermal höher sein oder im Verhältnis 1:1 liegen. Jeder Züchter muss wissen, dass im Sommer der Wasserbehälter eher zu füllen ist als im Winter.

Es sollte stets darauf geachtet werden, dass immer sauberes Wasser zur Verfügung steht. Eine abgestandene „Brühe“ lässt nichts Gutes erwarten. Die Folge einer Vernachlässigung der Wasserqualität ist naheliegend. Es kommt zu Magen- und Darmproblemen und es dauert nicht lange, bis es zu Verlusten kommt, die recht einschneidend sein können.

In eigenen Untersuchungen mit mittelschweren Tauben – hier Luchstauben – war der Wasserverbrauch während der Kropfmilchphase bis zu fünfmal höher (bei hochsommerlichen Temperaturen) als das normale Futtergewicht. Das resultiert aus dem hohen Wasserbedarf beim Einspeicheln der Nahrung und bei der Fütterung der Jungtiere während und nach der Kropfmilchphase.

Futterlagerung

Die Lagerung des Futters beschränkt sich in der Regel auf die Mengen, die innerhalb der nächsten Wochen gebraucht werden. Größere Mengen kann man sich in gewissen Abständen anlegen, wenn man günstige und preiswerte Angebote erhält.

Die Lagerflächen sollten gut zugänglich sein und am besten wildnagersicher. Dazu muss man entsprechend große Behälter anschaffen, die neben der gewährleisteten Sicherheit auch vom Züchter bewegt werden können. Das heißt: keine Übergrößen mit Übergewichten. Jeder muss wissen, was er tragen kann.

Ein paar Faustzahlen können dabei helfen, die ausreichende Menge einzulagern und keinen Platz zu verschenken oder Platzmangel zu organisieren.

Masse und Volumen verschiedener Futtermittel

	1 m³ wiegt	1 dt hat ein Volumen von
Sonnenblumenkerne mit Schale	360 kg	0,30 m³
Hafer	450 kg	0,22 m³
Gerste	610 kg	0,16 m³
Pelletfutter (4 mm Ø)	670 kg	0,15 m³
Mais	740 kg	0,14 m³
Weizen	760 kg	0,13 m³
Hirse	830 kg	0,12 m³
Wicken	830 kg	0,12 m³
Hanfsaat	960 kg	0,10 m³
Raps	1020 kg	0,09 m³

Fütterung der Jungtiere

Die Jungtierphase ist bei Tauben sehr intensiv. Dabei gibt es zwischen den Rassen und Herkünften erhebliche Unterschiede. Die normale Jugendphase läuft über 28 Tage. Diese Zeit des intensiven Wachstums ist für Nesthocker, wie es die Tauben sind, überlebensnotwendig – im Wesentlichen trifft das für die Felsentauben und ihnen im Typ nahestehenden Tauben wie Brieftauben und ähnlichen Rassen zu. Schätzungsweise ist das etwa die Hälfte aller Rassen.

Viele Rassetauben brauchen aber, wie schon angedeutet, etwas mehr Zeit, um ausflugbereit oder – wie man auch sagt – „flügge" zu sein.

Für einen guten Zuchterfolg müssen sich die Tauben in ihrem Nest wohlfühlen.

Kropfmilch für die Taubenküken

Die Kropfmilch der Tauben ist, wie schon ausgeführt, natürlich keine „wirkliche Milch", denn die Kropfmilch enthält keinen Milchzucker und besteht anfangs aus Epithelgewebe des Kropfes, dem nach ein paar Tagen schrittweise „normales" Futter beigemischt wird. Es ist übrigens ein energie- und eiweißstarkes Getränk oder besser ein suppiger Brei.

Vor 225 Jahren wurde das zum ersten Mal schriftlich festgehalten. Der Autor schrieb „über die Absonderung im Kropfe brütender Tauben zur Ernährung ihrer Jungen". Das ist zwar die älteste bekannte Literaturquelle, aber im vorigen Jahrhundert gab es in den 30er-Jahren ein paar Publikationen dazu. Die im Laufe der Jahrzehnte bis Jahrhunderte gewonnenen Erkenntnisse wurden und werden zwar selten, aber dabei immer genauer untersucht. Das ergibt auch Fortschritte für den Taubenzüchter.

Wie bereits mitgeteilt, können die Jungtauben im Normalfall im Alter von vier Wochen abgesetzt werden. Allerdings gibt es da – wie eben schon hingewiesen – in Abhängigkeit von Rasse, Typ und Nutzungsrichtung eine unterschiedlich lange Aufzuchtdauer, die über die genannten vier Wochen weit hinausgehen kann.

Auf alle Fälle muss das vorherige Gelege absetzfertig sein, wenn der nächste Schlupf ansteht. Tauben mit langsamer wachsenden Jungtieren haben auch größere Abstände zwischen den Gelegen. Die entsprechende „Planung" läuft problemlos.

Sonnenschein und warme Temperaturen wirken sich positiv auf den Zuchterfolg aus (hier zwei Jungtiere vom Schmalkaldener Mohrenkopf).

Bei Fleischtauben, die je Monat zwei Junge zum Absetzen bringen sollen, muss das Absetzintervall bei 28 bis 30 Tagen liegen. Da gilt das Leistungsprinzip.

Die genannten Gewebsveränderungen des Kropfes von Zuchttauben sind die Basis für die Produktion eines Breies. Bei Pelletfütterung ist der gewünschte Futterbrei effektiver produzierbar als mit Körnern. Das wirkt sich günstig auf das Wachstum aus.

Eine wesentliche Grundlage ist dabei das Vorhandensein von Tränkwasser. Ansonsten ist eine tierartgerechte Aufzucht nicht möglich. Oft gibt es Verwunderung, dass sich die Nachzucht nicht ausreichend genug entwickelt. Sauberes Tränkwasser ist aber bei der Haltung eine zwingende Voraussetzung.

Die als Kropfmilch bezeichnete Flüssigkeit ist, wie angedeutet, eine Emulsion, die sehr nährstoffreich ist. Der Anteil an Fett und Eiweiß ist sehr hoch. Vergleicht man Fett- und Eiweißgehalt mit der Milch von Rindern, die im Mittel bei 4 bis 5 % Fett und 4 % Eiweißgehalt liegt, so kann man sich vorstellen, dass diese Taubenkropfmilch das Wachstum enorm stimulieren kann. Das muss man wissen, wenn man einmal ein Jungtier selbst aufziehen will oder muss. Da reichen die „inneren Werte" einer Flasche H-Milch nicht sehr weit.

Die chemische Zusammensetzung der Kropfmilch wird nachfolgend dargestellt.

Zusammensetzung der Kropfmilch (nach Engelmann, 1980, ergänzt)

Bestandteile	Frischsubstanz	Trockensubstanz
Wasser	64–85 %	
Eiweiß	13–19 %	56–59 %
Fett	8–13 %	25–39 %
N-freie Extraktstoffe	–	–
Mineralstoffe (gesamt)	1,5 %	4,5–6,5 %
Phosphor	–	1,8–2,7 %
Kalzium	0,81 %	0,5–1,9 %
Kalium	0,62 %	0,8 %
Magnesium	0,08 %	0–1,2 %
Eisen	–	429 ppm

Wie man erwarten kann, treten bei den Angaben teils erhebliche Schwankungen auf. Ein Problem für derartige Untersuchungen ist oftmals eine sehr geringe Anzahl an Proben. Dazu kommt, dass bei den wenigen Untersuchungen, die vorliegen, oft unterschiedliche Methoden angewandt werden oder dass Jahrzehnte zwischen den wissenschaftlichen Arbeiten liegen.

Letztlich wird aber mit diesen Zahlen angedeutet, wo die Ursachen für die schnelle oder auch langsame Entwicklung zu finden sind.

Die Produktion von Kropfmilch geht nicht von heute auf morgen los, sondern über die gesamte Brutzeit entwickelt sich systematisch die Kropfmilchquelle. Langsam wird aus der normalen Kropfschleimhaut eine Nahrungsquelle. In der nachstehenden Übersicht zur Kropfveränderung ist das dargestellt.

Kropfveränderungen bei Tauben in der Zuchtperiode (nach Vogel, 1980)

Zeitraum	Kropfveränderungen
1. bis 5. Bruttag	keine
6. bis 17. Bruttag	Hyperplasie (Blutgefäßzunahme, starke Durchblutung, Vermehrung, Verdickung und Faltenbildung) des Epithels (äußere Schicht) der Schleimhaut.
17. bis 18. Bruttag	Hyperplasie der Schleimhaut abgeschlossen. Allmählich einsetzende Ablösung von stark entwickeltem, strukturlosem, verfettetem Epithelgewebe, das sich in den Kropfsäcken als Kropfmilch ansammelt.
Schlupf bis 6. Lebenstag	stärkste Ausbildung der hyperplastischen Schleimhaut und Höhepunkt der Absonderung von Kropfmilch.
7. bis 18. Lebenstag	allmähliche Rückbildung dieser entwickelten Schleimhaut, welche beim Absetzen der Jungtiere wieder den ursprünglichen Zustand erreicht.

Dieses Wissen ist auch wichtig, wenn es darum geht, für spezielle Rassen geeignete Ammen einzusetzen. Es geht also nicht, dass man an eine Ammentäubin Jungtiere gibt, wenn die Amme schon fast eine Woche Kropfmilch abgibt. Es sollte so sein, dass die Amme in einem früheren Stadium Kropfmilch abgibt und das Küken bzw. die Küken erst noch zwei bis drei Tage bei der eigentlichen Mutter bleiben und dann noch mal an die frische Quelle kommen können.

An einer praktischen Untersuchung des Taubenfutterverbrauchs soll das im nachstehenden Schaubild gezeigt werden. Vom Legetag des ersten Eies an steigt die Futteraufnahme leicht an. Im Prinzip ist das kaum festzustellen. Wesentlich nimmt der Futterverbrauch erst nach dem Schlupf der Küken zu. Der Höhepunkt liegt in diesem Versuch eine Woche nach dem zweiten Gelege. Danach geht der Futterbedarf zurück. Gleichzeitig ist auch zu beobachten, dass beim Schlupf des zweiten Geleges der Futterverbrauch deutlich zurückgeht. Das ist auch logisch. Man muss daraus schließen, dass die Taubenküken an den ersten zwei Lebenstagen noch einen geringen Futterbedarf haben. Das ändert sich sehr schnell, denn der Bedarf an Futter steigt täglich.

Daraus resultiert auch die Tatsache, dass Tauben innerhalb von zwei Tagen ihr Geburtsgewicht verdoppeln.

Mit zunehmendem Alter sinkt der Futterbedarf der Taubenküken und die täglichen Zunahmen werden weniger.

Deutlich ist auch die Zunahme des Futterverbrauchs bei der Versorgung von zwei Küken gegenüber einem Küken.

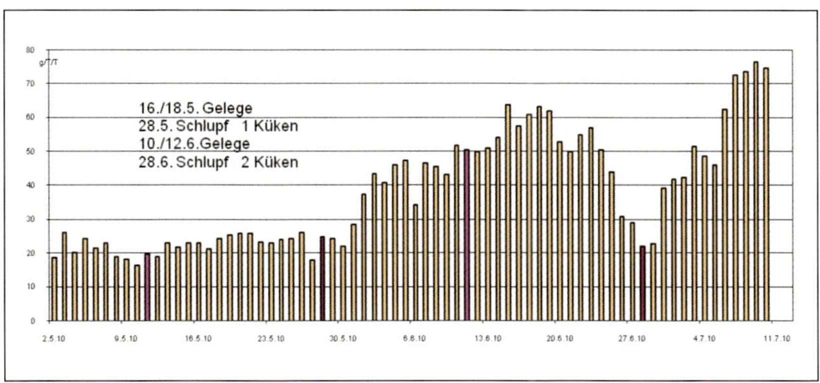

Tagesfutterverbrauch bei Luchstauben (je Tier und Tag)

Die Tauben hatten sieben Komponenten zur Auswahl. Der Gesamtverbrauch ist im vorstehenden Diagramm dargestellt. Interessant ist die Verteilung der Futterstoffe. Es wird nicht wahllos gefressen, sondern nach dem jeweiligen Bedarf.

Im nächsten Schaubild sind die am meisten gefressenen Futterstoffe aufgezeigt und extra dargestellt. Hanf als Lieblingsfutter wurde begrenzt. Dadurch wurden Erbsen, Mais und Sonnenblumenkerne am meisten gefressen. Man sieht deutlich, dass die Erbsen zuerst „aktiviert" werden. Es folgen Mais und Sonnenblumenkerne.

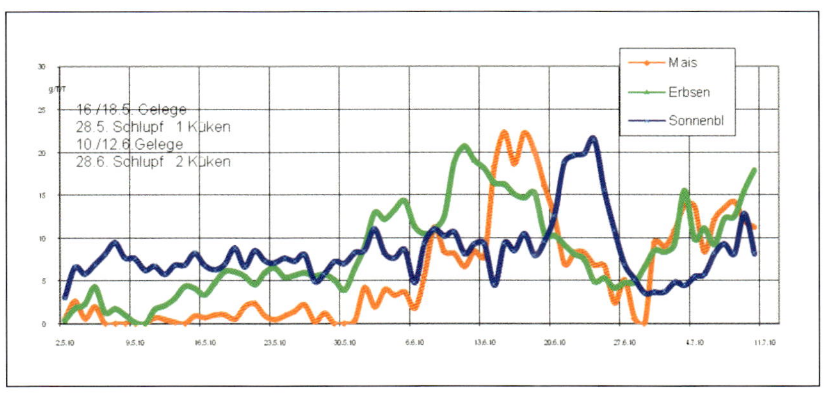

Anteil einiger wichtiger Futtermittel an der Tagesration in der Brutperiode

Von den tragenden Futterstoffen haben die Erbsen den höchsten Eiweißgehalt. Also frisst die Taube verstärkt Erbsen mit 22 % Roheiweiß.

Anschließend wird Mais zum dominierenden Futtermittel und es folgen die Sonnenblumenkerne mit den höchsten Energiewerten. Das ist eine fantastische Steuerung und Regelung des Anteils der Futtermittel. Daraus kann man schlussfolgern, dass dies durch eine sehr interessante Speicherung im Taubenhirn erfolgt.

Eine andere Vorgabe der Futtermittel würde auch ein anderes Ergebnis bringen, das heißt, wenn beispielsweise Hanf frei zur Verfügung stehen würde. Das Verhältnis von Eiweißbestandteilen und Energie wurde bei diesem Versuch gleichfalls mit beobachtet. Die Ergebnisse zeigt das nächste Diagramm.

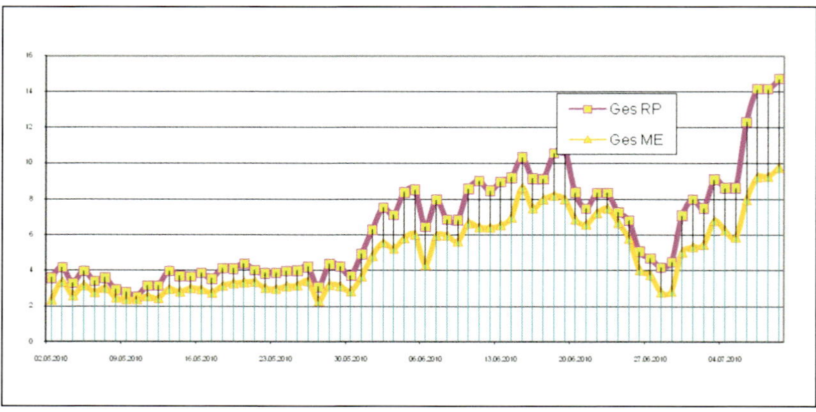

Verbrauch an verdaulichem Rohprotein und umsetzbarer Energie bei Luchstauben in der Zuchtsaison

Bei geringerer oder allgemeiner Belastung ist das Verhältnis relativ eng. Anders wird das bei Belastungen der höheren Art, zum Beispiel sind der Schlupf und die ersten Tage eiweißintensiv. Dies ergibt dann ein weites Eiweiß-Energie-Verhältnis.

In dieser Übersicht ist der Futterverbrauch von Weizen, Raps, Wicken und Hanf nicht aufgeführt. Weizen und Raps wurden in kleinen Mengen gefressen. Von Hanf und Wicken gab es nur abgewogene Kleinstmengen als Leckerbissen.

Über die Zusammensetzung der Kropfmilch hinsichtlich der Aminosäuren gibt es aus Belgien interessante Untersuchungen, deren Ergebnisse nachfolgend beschrieben werden.

Daraus kann man ebenfalls schlussfolgern, dass die Kropfmilch eine Zusammensetzung hat, die intensives Wachstum bewirkt.

Wie eben gezeigt, wird die Kropfschleimhaut nach speziellen Prinzipien auf- und abgebaut. Etwa am 6. bis 7. Tag nach dem Schlupf der Küken, wenn die Schleimhaut zurückgebildet wird, verstärkt sich die Zufütterung von Körnern, die im Kropf vorgequollen wurden.

Aminosäuregehalt der Kropfmilch (nach Sales und Janssens, 2003)

Vitamin	in % der Trockenmasse
Arginin	5,48
Glycin	4,99
Serin	5,20
Histidin	1,52
Isoleucin	4,50
Leucin	8,96
Lysin	5,87
Methionin	2,84
Methionin plus Cystin	3,18
Phenylalanin	5,50
Tyrosin	5,36
Threonin	5,49
Tryptophan	2,80
Valin	5,61

Wie effektiv die Verdauung vor sich geht, zeigt die nachfolgende Aufstellung. Man kann daraus schließen, dass nur wenig Kropfmilch bis zum Magen der Jungtiere gelangt und die meiste Kropfmilch noch vor dem Muskelmagen aufgenommen wird.

Gehalt an Futter in Kropf und Magen bei Jungtauben vom 1. bis 3. Tag (nach Cryer und Ward, 1983)

Kropfinhalt			Mageninhalt			gesamt		
Kropf-milch	Eltern-futter	Gesamt	Kropf-milch	Eltern-futter	Gesamt	Futter-gewicht	Kropf-milch	Eltern-futter
7,15 g	0,29 g	7,44 g	0,35 g	0,20 g	0,55 g	7,99 g	7,5 g	0,49 g

Es gibt wissenschaftliche Untersuchungen, die den zu erwartenden Zusammenhang zwischen Brut- bzw. Kropfstatus und dem Niveau der Hormone „Prolaktin“ und „Luteinisierungshormon“ (LH) bestätigten.

Die Tauben reagierten je nach Brutverlauf mit entsprechenden Hormongehalten. Einen ansteigenden Verlauf zeigen LTH und LH bei normaler Brut, um dann wieder abzufallen. Bei Unterbrechungen oder dem Anfall von unbefruchteten Eiern sinken die Werte für LH und LTH ebenfalls wieder ab. In Einzelfällen kommt es auch zu einem Anstieg über die Normalwerte hinaus.

BEDARF AN FETT UND EIWEISS

Es ist zu beobachten, dass am Schlupftag und an den ersten Lebenstagen besonders Eiweiß und Fett gefragt sind; nach knapp einer Woche verschiebt sich das Bild in der Form, dass sie nach wenigen Tagen wieder auf das Niveau der Eltern bei diesen Futterstoffen kommen. Dabei sinken die Eiweiß- und Fettwerte, andererseits steigt das Kohlenhydratniveau wieder an. Dies bestätigt, dass der Bedarf an Fett und Eiweiß in der ersten Lebensphase besonders hoch ist. Dadurch ist der Kohlenhydratwert nur scheinbar im „Keller".

Wie schon bemerkt, geht der Auf- und Abbau des Epithelgewebes periodisch vonstatten. Dabei ist eine Reihe von Störungen möglich, die eine normale Wachstumsrate verhindern kann. Kein landwirtschaftliches Nutztier ist in der Lage, sich so schnell zu entwickeln wie eine Taube. Allgemein ausgedrückt: Nesthockende Vögel wachsen besonders intensiv (siehe auch nachfolgende Tabelle). Dieses enorme Wachstum erfordert auch entsprechende Unterstützung auf der Fütterungsseite. Da muss quasi alles stimmen, sonst führen alle Unzulänglichkeiten zu Wachstums- und Gesundheitsproblemen, was sich letztlich in entsprechenden Verlusten niederschlägt.

Gehalt der Säuger- und der Kropfmilch bei Tauben und Bezug zu den Wachstumsraten (nach Vogel, 1980)

Tierart / Mensch	Trockensubstanz (%)	Eiweiß (%)	Fett (%)	Milchzucker (%)	Mineralstoffe (%)	Verdoppelung des Geburtsgewichts (Tage)
Taube	23,25	13,3	7,95	0,0	1,5	2
Kaninchen	30,5	15,5	10,4	1,9	2,5	6
Rind	12,0	3,5	3,2	5,6	0,7	47
Pferd	10,5	3,0	1,6	6,1	0,4	60
Mensch	13,2	1,6	4,8	6,6	0,2	160

Die Angaben für Trockensubstanz (TS), Eiweiß, Fett und Mineralstoffe zeigen deutlich, dass die beiden Nesthocker – Taube und Kaninchen – eine besonders hohe Wachstumsintensität haben. Interessant ist auch dieses Merkmal beim „Nesthocker" Mensch. Das zeigt deutlich, dass bei diesem intensiven Wachstum genügend Mineralien und Spurenelemente vorhanden sein müssen. Ansonsten gibt es ernste Wachstumsprobleme. Es reicht nicht aus, sich auf den Inhalt der Körner zu verlassen. Zumal bekannt ist, dass generell Körnerfutter relativ mineralstoffarm ist.

In der Regel reicht es nicht aus, sich auf den Taubenstein zu verlassen. Wenn Tauben an den Fugen des Taubenstalles versuchen, Mineralien aufzunehmen, ist das ein deutliches Mangelzeichen. Dann wird es unumgänglich, den gesamten Bestand besser mit Mineralstoffen zu versorgen.

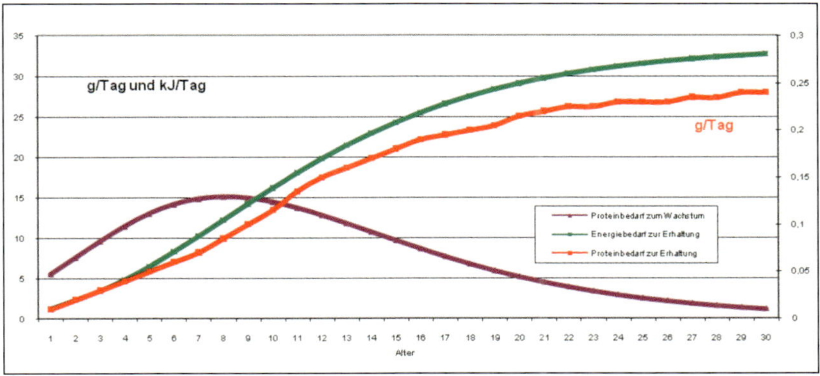

Protein- und Energiebedarf bei wachsenden Tauben (Sales und Janssens, 2003)

Der Zusammenhang zwischen Erhaltungsbedarf und Wachstumsbedarf ist den Realitäten angepasst. Während der Erhaltungsbedarf für Eiweiß und Energie mit dem Wachstum steigt, sinkt der Eiweißbedarf für das Wachstum.

Gleichmäßig entwickelte Jungtauben – hier Sächsische Flügeltauben, Reißerflügel gelb – sind auch das Ergebnis einer optimalen Fütterung.

Erstellen von Wachstumskurven

Um immer einen Vergleich zwischen „Ideal“ und „Wirklichkeit“ zu haben, kann man sich eine Wachstumskurve mit den Daten der eigenen Tiere erstellen. Das ist eigentlich ganz einfach. Hier eine wenig aufwendige Variante:

Als Erstes benötigt man eine Waage. Sie sollte auf 1 g genau sein. Zum Wiegen setzt man die frisch geschlüpften Taubenküken und ältere Tiere bis zum 10. Lebenstag in eine Schüssel oder Schale. Dabei muss man die Tiere fixieren, damit sie nicht entweichen können.

Dafür gut geeignet ist ein Strumpf (Socke), dem die Spitze abgeschnitten wurde. Man schiebt die Taube hinein und wenn das Tier gewogen ist, wird es an der anderen Seite herausgenommen. Dabei darf nicht vergessen werden, das Gewicht der „Socke“ als Tara vom Gesamtgewicht abzuziehen.

Natürlich kann man die zu wiegenden Tiere auch in einen Käfig sperren und damit wiegen. Wenn die Waage mit Tara-Taste ausgerüstet ist, wird die Sache noch einfacher. Ansonsten muss man sich das Taragewicht notieren und jeweils vom Gewicht der Jungtiere abziehen.

Man sollte im 5- oder 7-Tage-Rhythmus wiegen. Je Wägetermin sollten insgesamt mindestens zehn Tiere zur Verfügung stehen. Das kann in mehreren Durchgängen geschehen. Zum Beispiel kann man die Wägeprozedur immer aufs Wochenende legen.

Das Wiegen ist eine Störung in der ersten Aufzuchtperiode. Man sollte sich also überlegen, wie oft man wiegt. Wenn man allerdings in den ersten Lebenstagen täglich wiegt, weiß man, wie lange die Küken bis zur Verdoppelung des Schlupfgewichtes brauchen – das ist sozusagen eine Vitalitätsnote, die man aber nicht überbewerten sollte.

Mit Werten aus einer Brieftaubenzucht wurde nachstehend eine Beispielskurve für das Wachstum bis zum 30. Lebenstag erstellt.

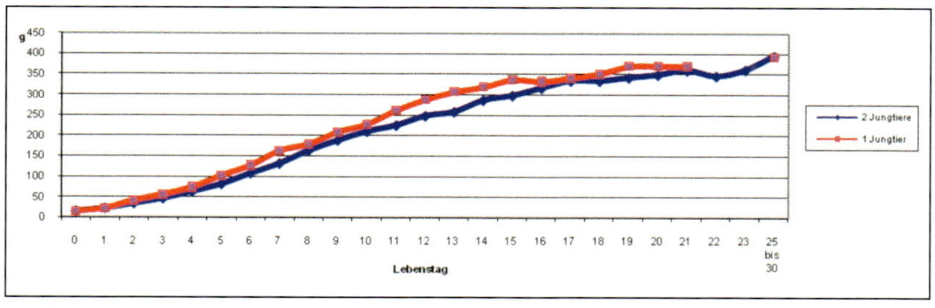

Wachstumskurve bei Einzelküken und Zwillingen (nach Aggrey und Cheng, 1993)

Der Umkehrpunkt vom starken zum schwächeren Wachstum liegt bei diesem Beispiel zwischen dem 12. und dem 15. Lebenstag. Nun soll aber niemand erwarten, dass alle Gewichte an den Wägeterminen einheitlich, quasi mit plus/minus 0 wertemäßig übereinstimmen. Es gibt Abweichungen und man kann mit statistischen Methoden berechnen, wie groß die Variation ist.

Variation ist gleich Streuung, also wie viel um den Mittelwert die Einzelwerte „streuen" können, um noch im normalen Bereich zu sein. Der doppelte Streuungswert nach jeder Seite, also drüber oder drunter, sollte als Grenzwert angenommen werten. Die Berechnungen von Mittelwert und Streuung sind mit fast jedem Taschenrechner möglich.

Derartige Wachstumskurven zeigen an, ob die Jungtauben gut wachsen. Es können auch Hinweise zur Futterqualität dabei beobachtet und weitergegeben werden, natürlich auch bei solchen Fällen, in denen eine Jungtaube mehr oder weniger früh vom Züchter zugefüttert wird – also eine Art Ammenaufzucht notwendig ist.

Das Füttern der Taubenküken durch ihre Eltern wird von Engelmann so beschrieben:

„Die Tauben ergreifen bei den ersten Malen den Schnabel der Jungen und umfassen ihn ganz mit ihrem Schnabel. Später genügt ein Antippen der Jungen am Schnabelgrund, um bei ihnen das Aufsperren der Schnäbel zu erreichen."

Es ist normal und zu erwarten, dass Zwillinge, also die übliche Anzahl an Küken im Nest, kleiner sind als Einzelküken. Das wird teilweise bei schweren Rassen als normale Variante der Aufzucht angesehen. Das zweite Küken wird gern an Ammen weitergegeben.

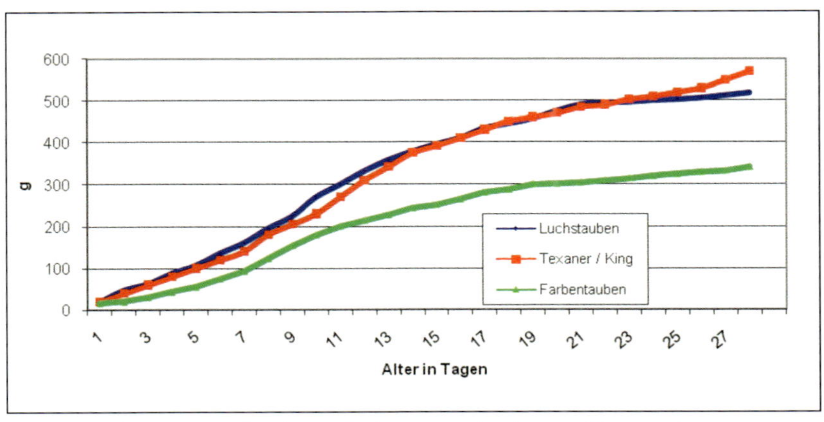

Wachstumskurven verschiedener Taubentypen in eigenen Untersuchungen

Dafür werden sehr häufig Brieftauben genommen, da sie in der Regel fleißig füttern und sorgsame Eltern sind.

Über die biochemische Zusammensetzung der Fettsäuren gibt es Untersuchungen in Deutschland. Das ist aber ein sehr kostenaufwendiges Forschungsgebiet.

Der Vergleich der mittelschweren Formentauben mit den feldtaubengroßen Farbentauben zeigt die Gewichtsunterschiede recht deutlich. Andererseits sind die Fleischtaubentypen den Luchstauben überlegen.

Da man ja auch immer an die Verwertung der Tauben denken muss, kann man mit einem Schlachtkörper von 400 g bei Texanern, 350 g bei den Luchstauben und 200 g bei den Farbentauben rechnen.

Absetzen der Jungtauben

Die Jungtierfütterung umfasst in der Regel die Kropfmilchperiode bis zum Absetzen der Jungtiere von den Eltern. Sie beinhaltet auch den Bereich, wo keine Kropfmilch mehr abgegeben wird, aber die Eltern die im Kropf vorgeweichten Körner noch füttern. Das könnte unter Umständen zu Komplikationen führen, wenn die neue Brut geschlüpft ist und die vorherige Brut noch um Futter bettelt und es ungünstigstenfalls (für die neue Brut) auch noch bekommt. Das ist allerdings kaum der Fall, weil Tauben, die langsamer wachsen, auch ein größeres Intervall zwischen den Gelegen haben, also ohne Weiteres 35 bis 42 Tage zusammenkommen. Nicht mit Gold aufzuwerten sind Taubeneltern, die auch andere Jungtiere, die in der Nähe sind und betteln, mitfüttern.

Eine hochwertige Fütterung der Alttiere sorgt dafür, dass auch die Jungtauben bestens versorgt sind (hier Damascener mit Binden).

In der ersten Zeit nach dem Absetzen kommt es darauf an, so optimal wie möglich das Wachstum der Nachzucht zu unterstützen. Das angebotene Futter muss ausreichend Grundnährstoffe enthalten und zusätzlich entsprechend bei Bedarf Vitamine, Mineralstoffe und Spurenelemente. Aber das ist kein extra Kükenfutter, sondern das Futter für alle Tiere im Schlag. Gleichzeitig muss als Grundvoraussetzung ausreichend Trinkwasser zur Verfügung stehen. Es empfiehlt sich sowieso, die Jungtiere nach dem Absetzen getrennt von den Zuchttieren weiter aufzuziehen. Ebenfalls zu beachten ist, dass auch bei Rassetauben die fällige Selektion vorgenommen wird. Damit erreicht man, dass keine unnötigen Fresser gehalten werden und die übrigen Tauben mehr Platz im Schlag, beim Fressen und beim Trinken haben. Es ist auch empfehlenswert, die frisch abgesetzten Jungtauben nicht sofort zu den älteren Jungtieren zu setzen. Die „halbwüchsigen" Jungtauben neigen nicht selten zu gewissen Rüpeleien den Jüngsten gegenüber. Es gibt für das Absetzen der Jungtauben spezielle Mischungen mit über 30 % Rohprotein. Das erscheint für ein sogenanntes Starterfutter doch etwas hoch. Ausreichend sind für diese Altersgruppe maximal 25 % Rohprotein und für die umsetzbare Energie ein Wert von 12 MJ ME je kg Trockenmasse. Die Selektionsmöglichkeiten müssen natürlich differenziert betrachtet werden.

MAUSER ABWARTEN

Es gibt nicht wenige Rassen und Farbenschläge, bei denen eine erfolgreiche Auswahl erst nach der Mauser möglich ist. Es sind zuerst grobe Abweichungen vom Ziel. Aber da muss man die Rasse kennen oder kennenlernen. Wer Weißschilder hält und alle Jungtiere merzt, die kein weißes Flügelschild zeigen, der hat später auch keine Jungtiere übrig, denn Weißschilder zeigen erst nach der Mauser ihr schönes weißes Schild.

Zahlreiche Faktoren spielen beim Futterverbrauch eine Rolle. Am einfachsten ist das bei der Umgebungstemperatur sichtbar und nachzuvollziehen. Wenn man den täglichen Futterverbrauch festhält und dazu die Tagestemperatur, sieht man mehr oder weniger deutlich, dass bei steigenden Temperaturen der Futterverzehr sinkt und umgekehrt. Deutlich sieht man es auch an der Auswahl der Komponenten. Bei kühler werdenden Temperaturen werden mehr energiereiche Futtermittel bevorzugt, wie zum Beispiel Sonnenblumenkerne und Mais.

Eigene Beobachtungen und statistische Auswertungen dazu ergaben, dass Tauben nicht wild drauflos fressen. Sie fressen eher bedarfsgerecht. Es sei denn, man hält sie so knapp, dass sie vor Hunger alles fressen. Das ist jedoch nicht unbedingt leistungsgerechtes Füttern.

Handaufzuchten

Zum zusätzlichen Füttern der Taubenküken empfahl einst Neunzig einen Brei aus Hafermehl und Milch. Bei Tauben mit veränderten Schnabelformen ist es teilweise notwendig zuzufüttern. Es kann aber immer mal vorkommen, dass es bei „Normalschnäblern“ Probleme bei der Aufzucht gibt. Bei der Annahme, dass fünf bis zehn Tage alte Jungtiere ihre Eltern verloren haben, ist die Chance recht gut, sie dennoch per Handfütterung groß zu bekommen. Zwar ist das mit viel Arbeit verbunden, doch kann man es mit einiger Sicherheit wagen, die Elternrolle zu übernehmen. In diesem Wachstumsabschnitt fehlt zunehmend die anfangs so wichtige Kropfmilch.

Zum Füttern bieten sich kleinkörnige Samen an. Damit rutscht das Futter leichter durch die Speiseröhre. Günstiger ist es, sich Fasanenaufzuchtfutter, Putenkükenfutter oder Hähnchenfutter zu besorgen und daraus einen Brei mit Lebertran und etwas Vitaminzugabe zuzubereiten. Nicht vergessen darf man die Mineralstoffbeimischung. Das Zufüttern von Körnern kann aber, sobald die Küken ihren Brei fressen, schrittweise erweitert werden. Bei wenige Tage alten Küken ist das Umstellen auf Handfütterung schwieriger. Auf alle Fälle sollte man sich eines dieser Mischfuttermittel, die meist pelletiert gehandelt werden, beschaffen.

Das Aufweichen geht schneller mit geschroteten Futterteilen, daher ist es empfehlenswert, in den ersten Tagen sehr fein zu mahlen. Damit bekommt man keine störenden großen Brocken, die hängen bleiben könnten. Dieser Mischung aus Kükenmehlen und Öl mischt man anfangs kleine Mengen eines eiweißreichen Futtermittels wie Soja oder deren Extraktionsschrot zu. Es ist zu empfehlen, die fertig zusammengestellte Mischung mit einem Stabmixer zu emulgieren. Das geht eigentlich recht gut und erleichtert die Futteraufnahme wesentlich.

Um die Entwicklung der Tiere verfolgen zu können, muss man sie täglich wiegen, um zu sehen, wie gut der Aufzögling wächst. Wenn man von seinen Tauben bereits eine Wiegeliste und Wachstumskurve hat, fällt der Vergleich zwischen normaler Aufzucht und Ammenaufzucht leichter. In der Regel bleiben die „Handaufzöglinge“ etwas im Wachstum zurück.

Ein Aufzuchtmix für die ersten Tage kann nach eigenen Erfahrungen so aussehen:

- Putenstarterfutter, fein gemahlen .... 60 %
- Sojaextraktionsschrot, fein gemahlen .... 15 %
- Rapsöl .... 10 %
- Kondensmilch .... 5 %
- Lebertran .... 1 %
- Vitaminmix .... 4 %
- Mineralstoffmischung für Küken .... 5 %

Sofern das nicht flüssig genug ist, um aus einer Spritze zu laufen, ist eine weitere leichte Verdünnung mit H-Milch möglich, speziell mit der fettreichen Sorte.

Die Portionen macht man jeweils für einen Tag fertig. Der Brei sollte unbedingt auf Körpertemperatur angewärmt werden. Zwischen den Mahlzeiten ist eine kühle Lagerung des Zusatzfutters angebracht.

Bescheidene Erfahrungen liegen auch mit der Zugabe von jeweils frischem Naturjoghurt (nicht fettarm) vor. Man kann Kondensmilch damit ersetzen.

Die Verabreichung des Aufzuchtfutters ist bei den ganz jungen Küken am schwierigsten. Wenn das Küken schon ein paar Mal von den Eltern gefüttert wurde, geht das etwas besser. In der Regel kommen auch nur Küken in Frage, die schon einige Tage alt sind. Eintagsküken, die nicht von den Eltern geatzt werden, sind oftmals schon zertreten und man merkt zu spät, dass sie Hilfe brauchten.

Zum direkten Füttern gibt es Erfahrungen mit Spritzenkörpern von 20 cm^3 Inhalt und einem Schlauch, wie bei Fahrradventilgummis älteren Typs. Weiterhin sind auch Pipetten ganz brauchbar. Es gibt außerdem geeignete Gerätschaften im Fachhandel zu kaufen.

Es ist selbstverständlich, dass die Küken, die ohne Eltern aufgezogen werden, nicht allein im Taubenschlag bleiben können. Die Gefahr, die von sozial dominanten Täubern ausgeht, wäre zu groß. Man muss sie extra aufstallen und je nach Witterung auf ausreichende Temperatur achten. Sie dürfen nicht zu kalt oder zu heiß gehalten werden. Sie benötigen in den ersten Tagen Temperaturen von etwa 36 °C. Diese Temperatur kann man je Tag um ein Grad senken.

Man sollte die Fläche nicht allzu klein gestalten. Die Küken wollen sich etwas bewegen und suchen dann den für sie angenehmsten Platz in Nähe der Heizquelle oder etwas entfernt. Der Untergrund muss griffig sein, damit sie nicht wegrutschen und das Grätschen gefördert wird.

Ein Nebeneffekt ist natürlich die Tatsache, dass solche Handaufzuchten in der Regel zahm werden, was nicht nur eine angenehme Seite hat, denn sie leben gefährlicher als andere Tauben.

Fütterung von Zuchttauben

Der Unterschied in der Fütterung von Zuchttieren, egal ob Rassetauben, Wirtschaftstauben, Brieftauben und sonstigen Flugtauben, resultiert zuerst aus der Größe der Tiere und aus ihrer Nutzung. Weiter natürlich auch aus dem Druck, der bei Wirtschaftstaubenhaltung vorhanden ist und ganz einfach fragt: „Was bringt das und lohnt sich das?“

Die richtige Fütterung hängt von der Größe und der Nutzung der Tauben ab wie bei dieser Luchstaube und dem Figurita-Täubchen.

Die Korngröße richtet sich ganz nach der Größe der Tauben, wobei eine erste Ausnahme die an sich großen Kropftauben machen. Durch ihr Blaswerk wird zum einen mehr vorgetäuscht, als dran ist, und zum anderen erfordert das Blaswerk leichtes, kleinkörniges, schnell verdauliches Futter, um den Kropf nicht durch unnötige Gärungen zu sehr zu beanspruchen. Große Körner (zum Beispiel vom Mais) benötigen wesentlich mehr Zeit zum Verdauen als kleine Körner. Beachtet man dies bei den Kropftauben nicht, kommt es schon mal zu einer Kropfverstopfung, die zum Tod des Tieres führen kann. Oft bleibt ein Hängekropf zurück, der die Tiere stark belästigt und zur Zuchtuntauglichkeit führen kann. Weiterhin ist die Intensität der Zucht von Bedeutung.

AMMENAUFZUCHT

Man kann von Spitzenpaaren, ganz gleich welcher Nutzungsrichtung, Bruteier entnehmen und die Küken von Ammen aufziehen lassen. Damit ist eine Verdoppelung der anfallenden Stückzahl für eine interessante Rasse oder spezielle Zuchtpaarungen denkbar. Es ist also möglich, wesentlich mehr Jungtiere je Zuchtpaar aufzuziehen, als es bei natürlicher Haltung üblich ist. Die Ammen haben logischerweise aber deutlich weniger eigene Nachkommen.

Diese Paare, von denen man zahlenmäßig möglichst zahlreiche Nachzucht benötigt, werden am besten getrennt von anderen Tauben aufgestallt. Das Gleiche trifft für die Ammen zu.

Derartige Praktiken sind legitim und üblich. Dabei kann es sich um Brieftauben handeln oder spezielle Rassen bzw. Farbenschläge, die man effektiv verkaufen will und kann. Die vorstehend beschriebenen Methoden erfordern natürlich viel Zeit. Ebenso ist es möglich, die Täubinnen oder Täuber vor dem Legetermin speziell umzusetzen und damit die interessanten Kombinationen zusammenzustellen. Es ist auch möglich, mit künstlicher Besamung zu arbeiten.

Für Ammenmethoden, bei denen mehr Bruteier anfallen, ist auch das Futter entsprechend zielgerichtet einzusetzen. Sie müssen ganz einfach ausreichend Rohprotein im Futter haben. Man kann dabei von 20 bis 25 % Rohprotein ausgehen. Das Verhältnis von Eiweiß zu umsetzbarer Energie sollte ebenfalls nicht allzu weit sein.

Brieftaubenzüchter sind bemüht, so früh wie möglich im Jahr ausreichend Jungtiere zu haben. Dadurch stehen rechtzeitig Jungtiere für die Flugsaison bereit und wer Alttiere ins Rennen schickt, möchte unter Umständen zwischen Brutperiode und Flugsaison den Tieren noch etwas Ruhe geben. Auch das erfordert eine spezielle Fütterung. Nur bedingt trifft das bei der Witwenmethode zu. Man kann ohne Weiteres bei fertigen Mischungen Veränderungen vornehmen.

Bei Fleischtauben muss jedes Tier selbst eine hohe Leistung bringen. Da erübrigt sich eigentlich die Ammennutzung. Eine Ausnahme wäre die Verbreitung einer neuen Fleischtaubenrasse, denn wer zuerst auf dem Markt ist, bestimmt die Preise.

Bei Fleischtauben ist zur Fütterung ein Pelletfutter angebracht. Als günstig erwiesen hat sich dabei die Nutzung von Zuchthennenfutter, das im Futtermittelhandel erhältlich ist.

Die Größenunterschiede waren schon angesprochen und das ist auch das Wichtigste, was beachtet werden muss. Zwischen Figurita-Mövchen und Ungarischen Riesentauben liegen nun mal Welten. Mancher glaubt gar nicht, dass bei ein und derselben Tierart so große Unterschiede ausgeprägt sein können. Aber derartige Differenzen gibt es auch bei Haushühnern. Man denke nur an Holländische Zwerghühner und Brahma. Ein Zeichen für eine Art ist bekanntlich, dass sie sich miteinander fortpflanzen können. Das trifft nur zum Teil zu. Natürlich ist eine Paarung zwischen Kingtauben und Figurita-Mövchen kaum vorstellbar. Die Fortpflanzung derartiger Extreme kann man nur mithilfe der künstlichen Besamung zustande bringen. Die Nachkommen wären fruchtbar. Die technische Durchführung der Besamung ist dabei ein Problem, das man lösen kann.

Wichtig ist die Organisation des Tierbestandes. Dazu gehört auch die Futterwahl. Im Futtermittelhandel werden Mischungen für große und kleine Taubenrassen angeboten. Diesen kann man im Prinzip vertrauen und man kann sie bestenfalls „veredeln" mit einzelnen Komponenten. Bei den kleinen Rassen können es Hirse, Reis oder Wicken sein. Bei den großen Rassen gibt man Mais, Bohnen oder Sonnenblumenkerne hinzu.

Besondere Anforderungen stellen die kurzschnäbeligen Taubenrassen. Sie sollten kleinkörniges Futter erhalten. Dabei sind kleinkörnige Erbsen gut brauchbar. Mais sollte man bei diesen Rassen generell vermeiden. Aber es gibt auch Maiskörner, die so klein wie kleine Erbsen sind.

So soll es sein: gesunde und aktive Tauben dank der richtigen Fütterung.

Fütterung in der Ausstellungszeit

Die Ausstellungszeit ist für den Züchter oftmals recht schön, vor allem, wenn es viele Übereinstimmungen mit dem Preisrichter gibt, gemeint sind solche Bewertungen wie hv oder gar v. Für die Ausstellungstiere ist das Stress und beginnt beim Auslesen im eigenen Schlag mit dem Zurechtmachen. Das kann manchmal recht lange dauern. Eine Stunde je Tier rechnet mancher Aussteller mindestens. Mancher Farbentaubenzüchter rechnet vereinzelt pro Taube sogar einen Tag ein, über Tage verteilt. Für die Tauben folgt der Transport und plötzlich das „Zurschaustellen“ in einem fremden Käfig. Dazu kommen die vielen Menschen, die ausgesprochen nahe herankommen und zuweilen mit einem Stab die Taube in die richtige – aus der Sicht der Menschen – Stellung bringen wollen.

Das ist Anstrengung im höchsten Grad für die Tauben oder – wie man jetzt sagt–„Stress pur“. Es ist ebenso stressig wie bei den Wettbewerben der Brieftaubenzüchter. Diese haben ein Wettkampffutter, das auch sehr gut für Ausstellungstauben geeignet ist.

Dieses angebotene Futter enthält in speziellen Pillen eine Menge von Förderungsmitteln. Das sind keine Dopingmittel. Es ist erstaunlich, was alles in so ein Korn oder eine Pille gepresst wird. Das meist als Reisefutter bezeichnete Produkt hat einen Rohproteingehalt von über 30 %. Zusätzlich werden Aminosäuren und Vitamine in die „Pillen“ gepresst. Für Ausstellungstauben ist das zu viel. Hier reichen 20 %.

Fütterung von Brieftauben

Die Fütterung der Brieftauben unterscheidet sich während der Zuchtperiode kaum von der Versorgung der sonstigen Tauben. In dieser Zeit sind möglichst viele Jungtiere aufzuziehen. Was das beste Futter dafür ist, weiß man mit absoluter Sicherheit nicht.

Erfahrungen haben, Erfahrungen sammeln und dazu entsprechende Notizen sind bei aller wissenschaftlichen Durchdringung des Stoffes die wichtigsten Faktoren bei der Suche nach dem besten Futter.

Das Reisefutter enthält auch manchmal solche Stoffe wie Lecithin und L-Carnitin. Diese Verbindungen, die auch als Vitamin Bt (= Brieftauben) bezeichnet werden, können im Tierkörper aus Lysin und Methionin selbst gebildet werden. Leistungssteigerungen sind ebenfalls bei Fütterung fetthaltiger Futtermittel denkbar.

Lecithin und Carnitin hält man für sehr wichtig im Stoffwechsel von Mensch und Tier mit einer Wirkung, die ähnlich den Vitaminen ist. Das ist eine eminent wichtige Funktion, die besonders bei den „Ausdauersportlern“ unter den Tauben, also den Brief- und Flugtauben, bedeutsam sein kann. Dadurch kann aus dem Körperfett zur passenden Zeit Energie gewonnen werden. Und wenn das zusätzlich zum normalen Reisefutter aktiviert werden kann, bringt das bessere Flugzeiten und, was auch wichtig ist, weniger Ausfälle.

Praktische Versuche mit Lecithin und Carnitin in der landwirtschaftlichen Tierhaltung ergaben allerdings nur kleinste Steigerungen im Gewicht. Die Wirkung auf den Stoffumsatz kann aber bei körperlichen

Leistungen, die mit Vitalität zu tun haben, ganz anders leistungssteigernd sein als beim Fleischansatz der landwirtschaftlichen Nutztiere. Es gibt Untersuchungen mit Carnitin an Tauben, die nichts an Leistungssteigerung gebracht haben, weder an Flugleistung noch an Massezuwachs.

Das Brieftaubenfutter ist bezüglich Inhaltsstoffen bestens ausgestattet, wie das schon bei der Nutzung des Reisefutters für das sehr stressige bis strapaziöse Ausstellungsgeschehen bemerkt wurde. Es reicht aber nicht, um Kosten zu sparen, das Reisefutter nur kurz vor einem Flugwettbewerb zu geben, sondern das muss spätestens zu Beginn des Trainingsaufbaus schrittweise und systematisch verabreicht werden, was wiederum nicht von einem Tag auf den anderen passieren kann. Brieftauben muss man hinsichtlich des Gewichtes kontrollieren. Das Maß aller Dinge ist die Flugzeit und damit das wichtigste Kriterium. Die Fütterung während der Zuchtperiode ist bei Brieftauben ähnlich der von kräftigen Farbentauben. Man sollte aber die im nächsten Absatz unter Fleischtauben gezeigte Tabelle vom Einfluss der Eiweißmenge im Futter bei Zuchttauben berücksichtigen. Man kann mit einem Bedarf von 20 bis 22 % Rohprotein rechnen und einer Energiekonzentration zwischen 11 und 12 MJ/kg TS planen.

Futterverbrauch

Der Futterverbrauch wird von vielen Faktoren beeinflusst. Trotzdem sollen hier einige mittlere Angaben gemacht werden:

DURCHSCHNITTLICHER FUTTERVERBRAUCH

Farbentauben:

- 20–25 g Futter in der Zuchtpause bzw. Mauser (>35 g bei Frostgraden unter –5°C)
- 25–35 g als Grundfutter für die Eltern
- 40–80 g als Futter je Zuchttier und Tag

Mittelschwere Formentauben, Luchstaube:

- 30–45 g Futter in der Zuchtpause bzw. Mauser
- 50–75 g als Futter je Zuchttier mit zwei Jungtieren

Minitäubchen, Figurita-Mövchen:

- 15–20 g Futter in der Zuchtpause bzw. Mauser

Bei Frost wird entsprechend mehr benötigt. Man kann ohne Weiteres je nach Frostgraden und Stalltemperatur mit einem etwa 50 % höheren Futterverbrauch rechnen. Ein Beispiel über den Einfluss des Eiweißgehaltes im Zuchtfutter auf die Nachzucht untersuchten die bereits genannten Wissenschaftler aus Ungarn nachstehend.

Einfluss des Eiweißgehaltes im Futter auf Fortpflanzung und Wachstum (nach Horn und Mitarbeiter)

Gruppe	1	2	3	4	5
Rohprotein (%)	12,1	14,1	16,0	18,0	20,0
ME (MJ /kg)	12,9	12,6	12,4	12,1	11,8
Eier/Jahr	20	21	21	22	23
abgesetzte Jungtiere je Paar	8,2	8,6	8,6	9,4	10,2
28-Tage-Gewicht	502	513	529	523	532
Futterverwertung (kg Futter/kg Gewicht)	9,3	9,0	9,1	8,7	7,6

Daraus wird ersichtlich, dass der Eiweißgehalt die Zahl der abgesetzten Jungtiere positiv beeinflusst. Bei dieser Gruppe mit 20 % Rohprotein werden zwei Jungtiere mehr aufgezogen als bei der niedrigen Rohproteingruppe. Dazu sind die Jungtiere schwerer. Jungtierzahl und Jungtiergewicht haben Einfluss auf die Futterverwertung, die bei Gruppe 5 deutlich am günstigsten ist. Allerdings sind die Werte im Vergleich zu anderen Geflügelarten sehr bescheiden. Es kommt also darauf an, das Besondere an dieser Geflügelart herauszuheben.

Vorstehende Tabelle zeigt auch, dass es bei diesem Niveau von Rohprotein schwierig wird, in das Futter der Gruppe 5 genügend Energie zu bringen. Daraus kann man eigentlich schlussfolgern, dass 20 % Roheiweiß im Zuchttierfutter ausreichend für Zahl und Gewicht der Nachkommen sind.

Die Tauben sind in ihrer Futterwahl natürlich sehr vielseitig und flexibel. Die Gewöhnung ist dabei sehr wichtig. Die Futtermengen und ihre Relationen zueinander sind eine Sache von Angebot und Nachfrage. Es ist also nichts absolut zu übernehmen und zu glauben, dass es generelle Festlegungen für die Futtermengen und -arten gibt. Das nächste Beispiel zeigt das ganz deutlich.

Futterverbrauch bei Jungtieren von mittelschweren Tauben (nach Ward und Cryer, 1981)

Bohnen	Weizen	Milo	Mais	gesamt
9,8 g	9,3 g	8,4 g	12,4 g	39,9 g

Es gibt auch bei gleichem Futter Rassenunterschiede, wie das die Ergebnisse aus nachstehender Aufstellung zeigen. Das sind Leistungen auf hohem Niveau, die gleichzeitig auch zeigen, dass es zwischen 23 Eiern und 16 abgesetzten Jungtieren noch Reserven gibt. Das sind dann die Feinheiten, die – summiert – noch Möglichkeiten bieten. Ein derartiger zu verbessernder Fakt ist die Zahl der Gelege mit nur einem Ei in der Brut.

Die Fütterung der Tauben soll hier durch weitere Tabellen ergänzt werden, um sich selbst ein Bild machen zu können.

Fortpflanzungsleistung von Taubenrassen (nach Nitsan, Worlds Poultry Congress, 1993)

		Silberking	Texaner	Carneau	King, weiß
Eier/Paar/Jahr	Stk.	22,1	23,1	22,0	22,5
Gelege mit einem Ei	%	13,2	7,3	8,1	12,3
geschlüpfte Küken	Stk.	11,7	16,0	13,5	14,9
aufgezogene Jungtiere	Stk.	9,9	12,2	10,6	12,3
Körpergewicht, lebend	g	598	553	552	567

Unterschiede zwischen den Rassen zur Fleischproduktion sind gewollt und notwendig. Die schwersten Jungtiere haben die Silberking und gleichzeitig haben sie die wenigsten Jungtiere aufgezogen. Es gibt also genügend Differenzen, um bei Kreuzungen eventuell Heterosiseffekte zu erzielen.

Engelmann hat einmal den Futterbedarf für Fleischtauben errechnet. Er kommt auf folgenden Bedarf:

Futterverbrauch bei Fleischtauben(nach Engelmann, 1973)

kg Futterverbrauch	mit	ohne
	Elternanteil	
je Paar und Jahr	47,2	19,5
je schlachtfähige Jungtaube	3,7	1,5
je kg produzierte Lebendmasse	8,2	3,4
je kg produzierte Schlachtmasse	11,4	4,7

Der Start in die Zucht erfordert einen guten Blick auch für den erfahrenen Züchter. Es muss alles in Ordnung sein, wenn es gute Ergebnisse geben soll. Es reicht nicht aus, nur Spitzenfutter zu haben. Auch das Drumherum ist wichtig. Das reicht von einer geringen Störung der Zuchttiere bis zum rechtzeitigen Absetzen der Jungtauben und deren weiterer Verwertung.

Zuchttiergewichte bei Zuchtbeginn – Verpaarung (Texaner)

	Täuber	Täubin
Mittelwert	850,5 g	819,9 g
Minimum	762 g	735 g
Maximum	935 g	877 g

Das sind zweifellos Gewichte, die von Ausstellungstexanern locker erreicht werden. Aber für jede Aufgabe muss der rechte Typ gefunden werden. Bei Wirtschaftstexanern reichen diese Gewichte für eine gute Produktivität.

Fütterung am Saisonende und während der Mauser

Am Saisonende ist besonderes Augenmerk auf die Mauser zu legen. Oft sind die Elterntiere schon in der Mauser, wenn sie noch Junge im Nest haben. Das Federkleid ist zu diesem Zeitpunkt mehr oder weniger ramponiert und erneuerungsbedürftig. Dazu haben bei den Zuchttieren besonders auch die Jungtiere beigetragen. Beim Betteln nach Futter werden die Eltern bekleckert und das wird noch schlimmer, wenn die Jungtiere auf dem Schlagboden aktiv werden. Auf jeden Fall muss eine neue Hülle her. Beim Menschen wird ja auch von Fall zu Fall einiges „verschönert" und das ist bekanntlich nicht billig. Man liest und hört immer mal, dass nach der Zuchtperiode Schmalhans Küchenmeister sein soll. Das ist ein schwerwiegender Irrtum. Wenn beim Menschen Geld in Schönheit gewandelt wird, geht das bei Tauben auch nicht ohne Kosten ab.

Konkreter: Das Beste ist in der Mauser gerade gut genug. Was ist hier das Beste? Natürlich ist das Beste auch bei Tauben teurer. Es ist hochwertiges Eiweiß gefragt, das entsprechende Aminosäuren mit Schwefel beinhaltet, und auch mit Vitaminen kann schon mal entsprechend der Anwendungsvorschriften etwas zugegeben werden. Besonders wenn von der Ausstellungszeit bzw. vor den Flügen Impfungen notwendig sind, wird eine Vitamingabe empfohlen.

FÜTTERN WÄHREND DER MAUSER

Die Mauser ist keine Randerscheinung, bei der man mit Gerste pur die Tiere hungern lässt. Spätestens im nächsten Zuchtjahr bekommt man die Rechnung für falsche Sparsamkeit. Oft wird das sehr knappe Füttern mit „Entschlackung" beschrieben.

Zu diesem Zeitpunkt sollte zu mehr als 50 % feststehen, wer im nächsten Jahr als Zuchttier aktiv wird bzw. wer für eine Merzung in Betracht kommt. Das spart Futter und erlaubt eher, von „Gerste satt" wegzukommen.

Es ist wie eine Kur, die nachträglich für die vergangene Leistung gewährt wird und prophylaktisch als Aufbau für die nächste Zuchtperiode wichtig ist. Gute Futterlieferanten und Produzenten bieten gute Mauserfutter an, die manchmal etwas zu vielseitig zusammengesetzt sind, sodass es bei Transport und Umlagerung zu einer gewissen Entmischung kommen kann. Das ergibt Probleme in der Gleichmäßigkeit der Versorgung mit allen Futterstoffen. Da die Mauser gewissermaßen die Vorbereitung auf das nächste Zuchtjahr darstellt, ist das Beste an Futter gerade gut genug.

Als Richtwert für die Eiweißversorgung, die in der Mauser bestens sein soll, kann man mit einem Rohproteingehalt von etwa 16 bis 20 % rechnen. Der Eiweißanteil ist noch keine Aussage für die Eiweißqualität. Wichtig ist, dass es sich nicht um überlagerte Futterpartien handelt.

Bei allen Tauben sieht man, dass mit zunehmender Temperatur der Futterverzehr sinkt. Das ist normal und dem muss bei rationierter Fütterung entsprechend Rechnung getragen werden.

Cafeteriasystem

Bei einer reinen Pelletfütterung gibt es, wenn nur eine Sorte zur Verfügung steht, logischerweise keine Auswahl. Die eigenen langjährigen Erfahrungen zeigen, dass es günstig ist, den Tauben bei normaler Haltung und Nutzung es selbst zu überlassen, was sie fressen möchten, das heißt kein einseitiges Futter wie zum Beispiel Weizen als Alleinfutter, Pellet-Alleinfutter oder handelsübliches Taubenfutter. Den Tieren ist damit vom Menschen etwas vorgegeben, was nicht unbedingt für sie ausgewogen ist. Es spricht also vieles für die Cafeteriafütterung. Dieser Begriff aus der Gastronomie bedeutet, dass die Tauben sich ihr Menü (Futter) selbst zusammenstellen. Dazu bedarf es einer entsprechenden Auswahlmöglichkeit.

Wenn die Tiere mehrere Komponenten zur Verfügung haben,fressen sie das, was sie benötigen. Die Komponenten können Einzelfuttermittel sein oder eine Presskornmischung (also Pellets). Erfahrungsgemäß stellen die Tauben bei Auswahlmöglichkeiten die Pellets hintenan.

Auf alle Fälle zwingt die Cafeteriafütterung zur Vorauswahl, denn die Anzahl an verschiedenen Komponenten hat ihre Grenzen. Der Aufwand kann schnell relativ hoch und unter Umständen auch teuer werden. Man muss mehrere Gefäße haben, die ausreichend viel fassen: Also müssen Futterbehälter oder Futterautomaten zur Verfügung stehen.

Oftmals wird bei den Taubenzüchtern mit einer Mischung gearbeitet. Das spart zudem auch Platz. Wenn etwas übrig bleibt bzw. nicht aufgefressen wird, bekommen es die Hühner als Leckerbissen vorgeworfen. Zwingt man die Tiere, alles aufzufressen, indem man mehrmals kleine Mengen gibt und die Tiere bei Hunger mehr nehmen als ohne Fressstress, besteht die Gefahr der Verfettung oder einer ungewollten Abmagerung. Die Erfahrungen zeigen, dass von Tauben bei freier Auswahl im Cafeteriasystem die für sie optimale Variante ausgesucht wird.

Will man die Tauben „rentabler“ fressen lassen, muss man bestimmte Futterstoffe begrenzen. Das kann beispielsweise Hanf oder es können Wicken sein. Damit ist der „Cafeteriaeffekt“ nicht verschwunden, sondern wird an reale Bedingungen gebunden. Die gefressenen Futteranteile liegen oft über dem Niveau der von verschiedenen Autoren angesehenen Höchstmengen.

Schwere Zuchttauben benötigen in der Zuchtperiode auch mal 120 g Futter und mehr je Zuchttier am Tag. Warum das so ist, weiß jeder Züchter, denn die Nestjungen werden von den Alttieren gefüttert. Legt man bei schwereren Tauben 40 g je Zuchttier für den Eigenbedarf fest, so werden nochmals 60 g für die Jungtiere aufgebracht. Daher ist eine ausreichende Fütterung das A und O des Geschäftes.

Fleischtauben

Erst mal ein Blick in die Geschichte: Tauben werden nicht nur für diverse sportliche Zwecke gehalten, sondern sind auch für Gourmets das Beste vom Besten. Hilmar Hoffman hat die Genüsse für den Feinschmecker hervorgehoben und auch die Nutzung durch Heilkundige ans Licht gebracht. Der gesundheitliche Effekt wird durch mehrere Organe oder durch Fleisch bewirkt.

Besondere Wirkungen gehen auch vom Fleisch sowie von den Innereien aus. Dabei gab es reichlich Scharlatanerie. Selbst Taubenkot wurde als Medikament genutzt und zu Geld gemacht. Es gibt eine stattliche Liste von Krankheiten, gegen die man Tauben günstig nutzen kann. In folgendem Gedicht kommt das zum Ausdruck:

„Das fruchtbar Thier die Taub, zweimal zwey Stück sie gibt
Die in der Arzney nicht wenig sind beliebt.
Die ganze Taub ist gut, wie auch ihr Blut und Koth.
Das Magenhäutlein auch, das kämpfet mit dem Todt.
Die gantze Taub zerschneid und thu sie überlegen.
Sie ziehet aus dem Haupt die Dünste die sich regen.
Das Tauben-Blut das thut man in die Augenschmieren,
Es hilfft so schmerzen thun dieselben berühren.
Nehmt einen Scrupel ein von dürrem Taubenkot,
Er treibt den Stein und Harn, ist gut in solcher Noth.
Drey Drachmas nehmet von dem Magenhäutlein ein,
Es pflegt in der Ruhr offt im Gebrauch zu seyn."

Diese Bemerkungen zur Geschichte des Taubenwesens sollten als Anregungspunkt für weitergehende Untersuchungen zu Taubenfleisch und Taubenprodukten dienen.

Die Fleischtaubenproduktion hat in Deutschland Fuß gefasst. Nicht wenige haben aber auch das Geschäft wieder aufgegeben. Das Wichtigste ist der Absatz oder Verkauf der Tiere, der idealerweise rund ums Jahr laufen kann und muss.

Das zweite Problem liegt darin, Kunden zu finden, die entsprechende Qualität auch vergüten, also einen guten Preis zu zahlen bereit sind.

Der Produzent wiederum muss darauf sehen, dass die Kosten gering bleiben. Man kann nur mit Stundensätzen rechnen. Die Fleischtaubenproduktion muss aus arbeitswirtschaftlicher Sicht sozusagen nebenherlaufen. Man muss immer daran denken, möglichst wenig Zeit zu investieren. Der Einsatz von vollbeschäftigten Mitarbeitern muss die kurzzeitige Ausnahme bleiben. Wenn das nicht garantiert wird, können die Lohnkosten ein zu großes Ausmaß annehmen und die Gesamtkosten damit aus dem Ruder laufen.

Der zu erwartende Gewinn ist bei Tauben gering. Die Taubenproduktion steht am Ende der Erlöse beim Sondergeflügel.

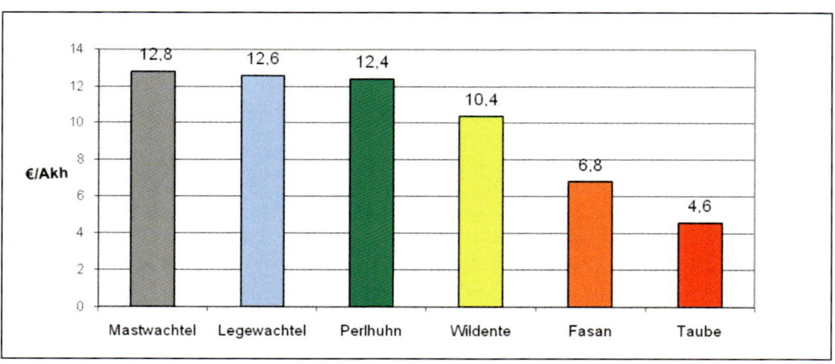

Vergleich der Rentabilität bei Sondergeflügel (nach Damme und Klemm)

Mancher Sondergeflügelproduzent hält nur so viele Tauben, dass er einen bestimmten Kundenkreis beliefern kann. Das ist oft in Großstadtnähe angebracht. In eher ländlichen Regionen ist die Chance dazu geringer, etwas dabei zu verdienen.

Die effektivste Zeitdauer der Jungtaubenmast ist ein Absetzen mit ungefähr 28 Tagen. Alles andere bringt Kosten und kaum Mehrerlöse.

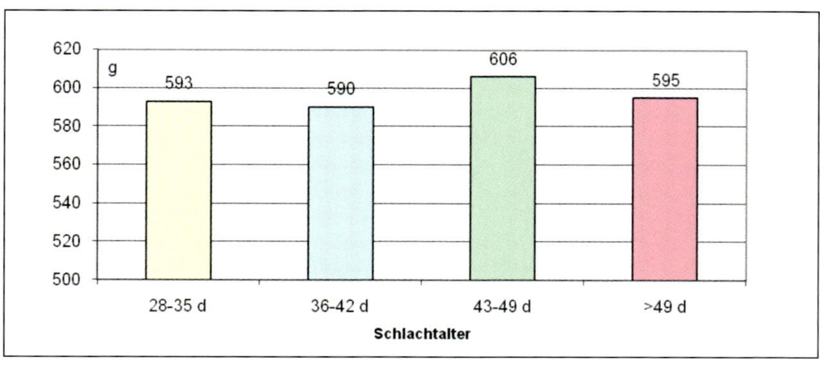

Was bringt eine verlängerte Mastperiode?

Betrachtet man ein Schlachtalter von 28 bis 35 Tagen als normal, so sind 43 bis 49 Tage schon zwei Wochen mehr. Der positive Effekt ist dabei relativ gering.

Die Frage, was Fleischtauben unter unseren Bedingungen an Nachzuchtleistung bringen, soll hier dargestellt werden. In eigenen Tests ergab das zehn bis fast 13 abgesetzte Jungtiere. Dabei konnte nur über neun Monate produziert werden, denn es wurde die klassische Winterzuchtpause eingehalten. Das war entsprechend auch die Periode mit dem geringsten Zeitaufwand.

Schlachtergebnisse bei Texanern (eigene Untersuchungen)
(Dauer der Zuchtsaison: neun Monate)

Brutjahr	Gelegte Eier (Stk.)	Geschlüpfte Küken (Stk.)	Absetzer (Stk.)	KM 28 d (g)	bratfertiger Rumpf (g)
1.	13,8	10,3	10,0	577	395
2.	17,0	12,8	12,8	568	385
3.	17,8	12,8	12,8	578	418
4.	14,0	10,8	10,8	590	409
5.	14,0	11,4	10,4	587	416

Bei einer ganzjährigen Produktion wäre ein besseres Ergebnis möglich. In der Sächsischen Landesanstalt für Landwirtschaft liegen umfangreiche Untersuchungen zur Fleischqualität vor. Auszugsweise wird hier einiges angeführt.

Fleischinhaltsstoffe und Fleischqualität von Masttauben (Golze, 2001)

	Wasser	Fett	Eiweiß	Asche	pH-Wert	Grillverlust
1,0	73,9 %	3,7 %	20 %	2,4 %	5,6	29,2 %
0,1	75,4 %	3,3 %	19,7 %	1,7 %	5,7	28,6 %

Lohnt die Eigenmischung?

Jeder Taubenzüchter möchte für seine Tauben das Beste. Das ist selbstverständlich. Wer sich an Wettbewerben beteiligen will, dem ist klar, dass die Ergebnisse nicht wenig vom Futter abhängig sind.

Nicht jeder Züchter und vor allem jüngere haben nicht das Geld, sich die teuersten Futtermischungen anzuschaffen, möchten aber trotzdem bei Ausstellungen oder Wettbewerben gut abschneiden.

Also muss man Auswege suchen. Dazu gehört das Selbstmischen von Futter.

Wenn man bedenkt, dass es über 70 Futterstoffe gibt, die bei Tauben eingesetzt werden, ist gut vorstellbar, preiswerte Varianten zu finden. Da die Futterproduzenten die Rezepturen bekannt geben, ist es auch möglich, sich die Mischungen selbst herzustellen. Natürlich lohnt sich das erst bei größeren Mengen, ansonsten ist das ein teurer „Spaß“. Kleine Chargen sind je Einheit immer teurer als große Abnahmemengen. Es gibt stets die Möglichkeit, Fertigfutter zu ergänzen.

Um festzustellen, ob eine Eigenmischung besser ist, muss man eine saubere Versuchsanstellung daraus machen mit entsprechender Anzahl an Tauben je Gruppe. Es ist eine Kontrollgruppe nötig und die ist so zu füttern wie immer. Die Versuchsgruppe ist dann der Bereich, in dem die Veränderungen stattfinden. Dazu muss die Vorauswahl der Tauben gleichmäßig erfolgen. Dass betrifft Alter, Gewicht, Futterverbrauch und wenn möglich noch das Geschlecht der Tiere.

Man muss aber auch an Eingangswägung und Abschlusswägung denken. Macht man den Test mit Zuchttieren, muss klar sein, dass so eine Untersuchung länger dauert und auch etwas zur Entwicklung der Jungtiere aussagt. Auch hier sind Futterein- und -rückwägungen nötig.

Bei den Eigenmischungen bleibt ein Vorteil: Man kann zum Beispiel bestimmte teure Komponenten bei der täglichen Futterbereitstellung weniger berücksichtigen und, wenn es die Zeit erlaubt, am Wochenende die Tauben selbst aussuchen lassen. Dadurch erhält man Hinweise, wie man die Ration besser gestalten kann. Vor allem kann man bei der Cafeteriamethode gern gefressenes und preiswertes Futter am günstigsten herausfinden.

Futtermittelrecht

Für die Gesamtproblematik des Handels und des Inverkehrbringens von Futtermitteln gibt es Gesetze, Verordnungen und Durchführungsbestimmungen. Daran hat man sich zu halten und je nach Stellung im Futtermittelhandel bzw. Vertrieb muss man Bescheid wissen und seinen Teil kennen.

Für die Futtermittelproduktion gibt es eine Futtermittelherstellungsverordnung. Somit sind alle wichtigen Bereiche einbezogen, die für die qualitätsgerechte Versorgung der Jungtiere von Bedeutung sind.

Man muss seine Pflichten kennen, um nicht zu Lasten der Tiere zu handeln, die bei unsachgemäßem Futter weder Vitalität noch akzeptable Leistungen zeigen. Das geht bis zu zugesagten Inhaltsstoffen, mit deren Wirkung man gerechnet hat, die aber das gewünschte Ergebnis nicht brachten.

Geregelt sind das Probenentnahmeprinzip und die festzuhaltenden kontrollierten Merkmale und Daten. Weiterhin ist für gesacktes Futter die Etikettierung festgelegt.

Schlussbemerkungen

Es gibt eine Vielzahl von Futtermitteln, die für die Taubenfütterung geeignet sind. Es gibt dabei auch gewisse Erfahrungswerte, die sich nicht immer erklären lassen.

Es kommt darauf an, den Bedarf an Eiweiß, Fett und Kohlenhydraten usw. durch entsprechend notwendige Gaben zu erfüllen.

Ein Zuchtpaar mit Jungtieren benötigt beispielsweise wesentlich mehr Rohprotein als ein Paar ohne Jungtiere oder ohne Gelege. Aber alle sind in einem Taubenschlag zu finden.

Die teils hohe Anzahl an Komponenten, die oftmals eingemischt werden, ist gut gemeint, aber nicht immer nötig. Es geht nicht darum, mit zwei oder drei Komponenten auskommen zu wollen, sondern eine Mischung zu haben, die jederzeit wiederholbar ist und eine rundum gute Kondition bei Zucht und Wettbewerben aufbaut und fördert.

Erfolgversprechende Rezepturen sind auch bei Tauben gefragt. Es gibt Untersuchungen darüber, was sie zuerst anpicken, aber es gibt sehr wenig Befunde, was sie wirklich gern fressen, um fit zu sein, und was ihnen bekommt.

In vorliegenden bescheidenen Untersuchungen zeigt sich die fast vergessene Züchterweisheit, dass die Tauben selbst ihr bester Futtermeister sind. Die Gefahr des Überfressens muss es bei Tauben nicht geben. Wenn Tauben verfetten oder abmagern, kann die Ursache dazu in der „aufgezwungenen“ Rezeptur liegen. Um satt zu werden, fressen sie eben auch Futter, das ihnen letztlich schadet und sie verfetten oder abmagern lässt.

Dieses „Auf und Ab“ ist nur mittels einer „Selbstauswahl“ und partieller Zugabe bestimmter Futterkomponenten möglich. Jeglicher Zwang scheint nach den eigenen Untersuchungen nichts zu bringen.

Es bleibt die Frage: Woher wissen die Tauben, wann sie was fressen und wie viel Nahrung sie aufnehmen müssen? Wie machen sie es, zwei Pelletsorten auseinanderzuhalten und vorwiegend die für sie richtige Sorte zu fressen?

Die Cafeteriavariante ist eine mögliche Lösung, um tierartgerecht zu füttern. Zu diesem Komplex sind noch zahlreiche Untersuchungen notwendig.

Anhang

Futterrezepturen

Tauben können sich quasi ihr Menü selbst zusammenstellen, wenn sie die Möglichkeit dazu haben. Bei Zwang zu bestimmten Mischungen, die nicht optimal sind, besteht die Gefahr, dass die Tiere zu fett werden bzw. unterernährt und/oder mangelernährt sind.

Man sollte daher bei unerprobten Fertigmischungen vorsichtig sein. Es ist auch möglich, bei ausreichender Gewöhnung Pelletfutter einzusetzen. Bei freier Futterwahl fressen die Tauben entsprechend ihrem individuellen Bedarf.

Nach eigenen Erfahrungen sollte Taubenfutter eine Energiekonzentration von 11 bis 12 MJ/kg TS und einen Eiweißgehalt von 16 bis 20 % haben.

Keinesfalls dürfen die Mineralstoffe und Spurenelemente vergessen werden. Die sicher einfachste Methode zur Fütterung dieser Stoffe ist die Gabe zur freien Verfügung. Auch da entscheiden die Tiere selbst über ihren Bedarf. Das ist fast ein Credo für freie Futterwahl der Tauben.

Dessen ungeachtet wird es und muss es immer Fertigmischungen in ausreichender Auswahlmöglichkeit geben. Nicht jeder Produzent gibt seine Mischungen preis. Das ist sein Recht, aber besser ist es, wenn der Züchter Bescheid weiß.

Wie stellt man Taubensteine her?

Eine traditionsreiche und alte Methode zur Mineralstoffversorgung ist die Nutzung eines Taubensteines. Er ist ein wertvoller Helfer, wenn er mit Fach- und Sachverstand hergestellt wird. Hier sollen ein paar ältere und neuere Beispiele für die Zusammensetzung von Taubensteinen gezeigt werden. Wichtige Arbeiten dabei sind: anfeuchten, pressen und trocknen. Oft wird Lehm bei der Herstellung als Bindemittel genutzt.

Bestandteile von Taubensteinen (nach Engelmann, 1980, und anderen Autoren)

Beispiel 1:

Lehm	40 %
Mineralstoffmischung für Geflügel	30 %
Muschelschalen oder Kalkgrit	20 %
Kieselsteinchen oder Grit*	10 %

* Teilchengröße von 2 bis 3 mm; Granitoder andere säurelösliche Steinchen

Beispiel 2:

Rotsteinchen	23 %
Kalzium	19 %
Natrium	0,5 %
Jod	0,02 %
Rohasche	93 %

Beispiel 3:

Mineralstoffgemisch für Geflügel	10 %
Mischung von Heilkräutern	10 %
Holzkohle	5 %
Lebertran und Fischölemulsion	6 %
Schwefelblüte und Spurenelemente	2 %
Medizin gegen Gelben Knopf	0,02 %
humose, schwach kalziumhaltige Silikaterde	bis 100 %

Einen Taubenstein der besonderen Art hat im vorigen Jahrhundert Paul Trübenbach aus Chemnitz entwickelt (siehe Taubenkuchenrezept). Trübenbach hat eine bekannte Geflügelzeitung herausgegeben, die bis zu seinem Tod 1934 erschien.

Taubenkuchenrezept

1. Materialliste:

- 1 Eimer steinfreier Lehm
- 3 kg zerstoßene Eierschalen
- 2 Hände Anis
- 1 Hand Fenchel
- 1 Hand Spitz- und Breitwegerich
- 1 Hand Hanf
- 1 Hand Kümmel
- 6 Hände Rübsen
- 0,5 kg Speisesalz
- 0,5 kg Epomsalz
- 3 Hände getrocknete Brennnesseln, Kleemehl und Kresse
- je 1 Hand Hasel- und Eberwurzel

2. Vorgehen:

Alles gut vermischen, daraus kleine Kuchen formen und bei mittlerer Hitze backen. Der Kuchen muss gut durchgebacken sein(!), sonst schimmelt er.

Ein recht interessantes Rezept, mit dem man Taubenstein/-kuchen selbst herstellen kann. Das ist sicher auch ein Produkt für die ökologische Taubenhaltung.

Dessen ungeachtet gibt es eine Reihe guter Taubensteine, Mineralstoffmischungen für Tauben und andere Möglichkeiten, die Tauben ausreichend mit Mineralstoffen und Spurenelementen zu versorgen. Die Beschaffung und Nutzung dieser Stoffe ist Vertrauenssache. Man sollte sicher mal die Produkte wechseln, aber das nicht zur Manie werden lassen.

Verschiedene Futtermischungen

Ein paar ältere Rezepturen sollen den Reigen der Mischungen eröffnen.

Mischung nach R. Römer

60 % Wicken
15 % Peluschken
10 % Erbsen
10 % Taubenbohnen
5 % Mais

Verschiedene Mischungen nach Schacht/Juhre

50 % Gerste	35 % Gerste	35 % Gerste
25 % Wicken	20 % Wicken	20 % Wicken
25 % Hinterkorn	15 % Mais	15 % Erbsen
	15 % Weizen	15 % Bohnen
	15 % Hirse	15 % Buchweizen

Mischung neueren Datums von Mackrott (2000)

24 % Futterweizen
21 % Dari (weiß)
12 % Futtererbsen (gelb)
23 % Milokorn (rot)
12 % Futtererbsen (grün)
8 % Wicken

Futter für Zucht- und Reisezeit (aus Vogel, 1980)

	Römer 1942	Juhre 1952	Winter 1956	Lahaye und Cortiez 1958			Fangauf 1960	
Futterweizen	–	15 %	15 %	5 %	15 %	10 %	20 %	10 %
Gerste*	–	35 %	–	–	–	–	10 %	15 %
Hafer*	–	–	2,5 %	–	–	5 %	–	–
Mais, gelb	5 %	15 %	40 %	5 %	10 %	10 %	20 %	10 %
Reis	–	–	2,5 %	4 %	10 %	7,5 %	–	–
Hirse	–	15 %	20 %	3 %	2,5 %	5 %	–	15 %
Buchweizen	–	–	2,5 %	–	–	–	–	–
Wicken	60 %	20 %	–	70 %	50 %	50 %	20 %	10 %
Futtererbsen	25 %	–	–	–	–	–	20 %	25 %
Ackerbohnen	10 %	–	15 %	10 %	10 %	10 %	10 %	15 %
Hanf	–	–	2,5 %	3 %	2,5 %	2,5 %	–	–

* Hafer und Gerste jeweils entspitzt

Futter für Zucht- und Reisezeit (aus Vogel, 1980)

	Juhre	Lahaye	Fangauf	USDA	Spezi 1	Spezi 2	Spezi 3	Spezi 4
Weizen	–	20 %	25 %	35 %	10 %	–	–	–
Gerste	50 %	25 %	20 %	–	10 %	40 %	–	–
Hafer	–	15 %	15 %	–	10 %	40 %	80 %	–
gelber Mais	–	10 %	30 %	40 %	10 %	–	–	–
Hinterkorn	25 %	–	–	–	40 %	–	–	75 %
Wicken	25 %	–	–	–	10 %	20 %	–	10 %
Erbsen	–	10 %	10 %	–	–	–	–	10 %
Ackerbohnen	–	15 %	–	–	9 %	–	20 %	–
Sojaextraktionsschrot	–	–	–	25 %	–	–	–	4 %
Rapsextraktionsschrot	25 %	–	–	–	–	–	20 %	25 %
Futterhefe	10 %	–	15 %	10 %	10 %	10 %	10 %	15 %
Rohprotein (berechnet)	–	–	2,5 %	3 %	2,5 %	2,5 %	–	–

Die gezeigte Vielfalt ist erheblich und es werden dieser Aufstellung noch zahlreiche Beispiele folgen. Bemerkenswert ist die Streubreite im Rohproteingehalt. Wenn Extraktionsschrote eingesetzt werden, muss man pelletieren.

Futter für Jungtiere (aus Vogel, 1980)

	A	B	C	D	E	F	G	H
Weizen	20 %	25 %	20 %	–	15 %	20 %	10 %	25 %
Gerste	10 %	–	20 %	25 %	15 %	10 %	10 %	–
Hafer	10 %	25 %	20 %	25 %	15 %	10 %	10 %	–
Mais (gelb)	10 %	15 %	–	10 %	15 %	10 %	10 %	25 %
Hinterkorn	–	–	–	10 %	–	20 %	30 %	25 %
Wicken	25 %	35 %	20 %	30 %	20 %	–	–	–
Ackerbohnen	25 %	–	20 %	–	15 %	–	30 %	–
Sojaextraktionsschrot	–	–	–	–	–	25 %	–	25 %
Rapsextraktionsschrot	–	–	–	–	4 %	4 %	–	–
Futterhefe	–	–	–	–	1 %	1 %	–	–
Rohprotein	19 %	16 %	17 %	15 %	14 %	20 %	15 %	18 %

Bemerkenswert ist die Spannweite von 14 bis 20 %. Bei Jungtieren, die für die Zucht bestimmt sind, sollte der Eiweißgehalt nicht so hoch sein. Oberste Grenze ist dabei ein Eiweißanteil von 16 bis 17 %.

Futter für die Mauser (aus Vogel, 1980)

	A	B	C	D	E	F	G	H
Weizen	20 %	25 %	20 %	–	15 %	20 %	10 %	25 %
Gerste	10 %	–	20 %	25 %	15 %	10 %	10 %	–
Hafer	10 %	25 %	20 %	25 %	15 %	10 %	10 %	–
Mais (gelb)	10 %	15 %	–	10 %	15 %	10 %	10 %	25 %
Hinterkorn	–	–	–	10 %	–	20 %	30 %	25 %
Wicken	25 %	35 %	20 %	30 %	20 %	–	–	–
Erbsen	–	–	–	–	–	–	–	–
Ackerbohnen	25 %	–	20 %	–	15 %	–	30 %	–
Sojaextraktionsschrot	–	–	–	–	–	25 %	–	25 %
Rapsextraktionsschrot	–	–	–	–	4 %	4 %	–	–
Futterhefe	–	–	–	–	1 %	1 %	–	–
Rohprotein	19 %	16 %	17 %	15 %	14 %	20 %	15 %	18 %

Auch hier ist eine breite Spannweite angegeben. Da die Mauser sehr wichtig ist, kann man je nach Rasse auch mal 20 % Rohprotein anbieten. Das ist vor allem bei federreichen Rassen der Fall. Ansonsten reichen 17 bis 18 % Rohprotein.

Neue Futtermischungen von Betz für Brieftauben

Brieftaubenfutter	Zucht-/Jungtier	Reise	Mauser	Winter
Weizen	18 %	10 %	22 %	17 %
Mais (kleinkörnig)	12 %	–	–	–
Dari	12 %	12 %	6 %	4 %
Milo	12 %	5 %	10 %	15 %
Erbsen (grün)	7 %	5 %	18 %	–
Erbsen (gelb)	7 %	5 %	4 %	–
Erbsen (klein, grün)	5 %	–	–	10 %*
Haferkerne	5 %	4 %	–	–
Wicken	3 %	2 %	–	–
Maple Peas	4 %	5 %	2 %	–
Sämereien	4 %	6 %	–	4 %
Paddyreis	3 %	4 %	–	–
Kardisaat	3 %	5 %	–	–
Sonnenblumenkerne	3 %	3 %	1 %	1 %
Buchweizen	2 %	–	–	–
französ. Crispmais	–	19 %	25 %	19 %
Soja (getoastet)	–	4 %	–	–
Perlmais	–	5 %	–	–
„Power"-Mais	–	6 %	–	–
Gerste	–	–	6 %**	30 %
Raps	–	–	3 %	–
Silberhirse	–	–	1 %	–
Leinsaat	–	–	2 %	–

* Erbsenmischung; ** Braugerste

Interessante Futtermischungen von Betz für Brieftauben

	Töllner-Mischung*, Grundmischung	Töllner-Mischung, Energiemischung	leichte Kost	Betz Trumpf
Sesam	5 %	–	–	–
Dari	5 %	–	17 %	25 %
Weizen	5 %	10 %	13 %	5 %
Platahirse	5 %	–	–	–
Leinsaat	5 %	5 %	2 %	5 %
Buchweizen	5 %	–	–	5 %
Haferkerne (gedarrt)	6 %	–	10 %	5 %
Kardisaat	6 %	–	10 %	25 %
Paddyreis	6 %	–	–	5 %
Kanariensaat	7 %	–	–	–
Erbsen (grün)	8 %	–	–	–
Raps	8 %	–	2 %	–
Sonnenblumenkerne	8 %	–	–	–
Perlmais	9 %	–	–	–
Milokorn	12 %	10 %	–	5 %
Negersaat	–	5 %	–	–
Hanfsaat	–	5 %	–	5
Bad. Mais	–	15 %	–	–
Perlmais	–	15 %	–	–
Sonnenblumenkerne (geschält)	–	15 %	–	–
Rohreis	–	20 %	14 %	5 %
Silberhirse	–	–	2 %	–
Braugerste (geschält)	–	–	30 %	–
Kanariensaat	–	–	–	5 %

* Grundmischung bis Mittwoch, dann Energiemischung bis 50 % Anteil

Futtermischungen für Rassetauben von deuka

	Siegermischung 1	Siegermischung 2	Siegermischung 3
Mais	–	27 %	20 %
Milo	30 %	25 %	30 %
Weizen	25 %	–	30 %
Erbsen (klein)	12 %	12 %	8 %
Dari	10 %	10 %	–
Erbsen (grün)	8 %	8 %	–
Kardisaat	5 %	4 %	–
Buchweizen	5 %	5 %	–
Wicken	5 %	4 %	–
Sonnenblumenkerne	–	5 %	–
Gerste	–	–	12 %
Rohprotein	15 %	14,5 %	11,5 %
Rohfett	3,5 %	5 %	2,5 %
Rohasche	2,5 %	2,0 %	2,0 %
Rohfaser	5,5 %	7,0 %	3,0 %

Die Siegermischung 3 ist ballaststoffarm und gleichzeitig eiweiß- und fettarm.

Futtermischungen für Rassetauben von Matador

	Zucht und Mauser		Ausstellungsfutter		kleine Rassen	
	ohne – Mais – mit		ohne – Mais – mit		ohne–Weizen–mit	
Taubenweizen	28 %	25 %	20 %	18 %	–	25 %
Erbsen (klein, grün)	17 %	17 %	10 %	10 %	11 %	17 %
Erbsen (klein, gelb)	7 %	7 %	5 %	5 %	5 %	8 %
Wicken	6 %	6 %	5 %	5 %	10 %	10 %
Maranomais	–	12 %	–	12 %	20 %	–
Dari	14 %	10 %	14 %	14 %	15 %	17 %
Milo	10 %	8 %	13 %	13 %	15 %	–
Gerste (geschält)	6 %	3 %	10 %	8 %	10 %	10 %
Haferkerne	2 %	2 %	7 %	5 %	10 %	7 %

	Zucht und Mauser		Ausstellungsfutter		kleine Rassen	
	ohne – Mais – mit		ohne – Mais – mit		ohne–Weizen–mit	
Hanf	2 %	2 %	3 %	2 %	–	–
Kardisaat	2 %	2 %	3 %	2 %	4 %	1 %
Braugerste	–	–	2 %	2 %	–	–
Buchweizen	1 %	1 %	2 %	–	–	–
Paddyreis	1 %	1 %	2 %	–	–	–
Hirse	1 %	1 %	1 %	1 %	–	–
Kanariensaat	1 %	1 %	1 %	1 %	–	–
Leinsaat	1 %	1 %	1 %	1 %	–	–
Raps	1 %	1 %	1 %	1 %	–	–
Sämereienmischung	–	–	–	–	–	5 %

Futtermischungen für Brieftauben von Matador

	ohne Weizen	ohne Hülsenfr.	Zu.+ Rei. RP-arm	Mauser 82	Flight Zucht	Flight Reise
Taubenweizen	–	10 %	18 %	19 %	20 %	20 %
Erbsen (klein, grün)	17 %	–	–	–	–	–
Erbsen (klein, gelb)	16 %	–	–	–	–	–
Erbsen (gelb)	–	–	5 %	9 %	16 %	12 %
Erbsen (grün)	–	–	5 %	8 %	12 %	11 %
Crispmais	30 %	36 %	15 %	15 %	13 %	26 %
Wicken	3 %	–	2 %	2 %	2 %	2 %
franz. Rotmais	5 %	–	10 %	5 %	2 %	4 %
Maple Peas	6 %	–	2 %	3 %	–	2 %
Dari	7 %	8 %	8 %	6 %	9 %	9 %
franz. Milo	9 %	7 %	10 %	5 %	11 %	7 %
Gerste (geschält)	2 %	12 %	5 %	2 %	6 %	–
Haferkerne	1 %	7 %	5 %	–	4 %	–
Hanf	1 %	1 %	1 %	2 %	1 %	1 %
Kardisaat	2 %	5 %	4 %	3 %	–	1 %
Buchweizen	–	2 %	–	1 %	–	–

	ohne Weizen	ohne Hülsenfr.	Zu.+ Rei. RP-arm	Mauser 82	Flight Zucht	Flight Reise
Paddyreis	–	4 %	3 %	2 %	–	–
Hirse (gelb)	–	1 %	1 %	1 %	1 %	1 %
Kanariensaat	–	1 %	1 %	1 %	1 %	1 %
Leinsaat	–	–	2 %	2 %	1 %	1 %
Raps	–	–	–	1 %	1 %	1 %
Bohnen	1 %	–	–	–	–	–
Sonnenblumenkerne (gestreift)	–	5 %	3 %	2 %	–	1 %
Sonnenblumenkerne (schwarz)	–	–	–	1 %	–	–
Rohreis	–	1 %	–	–	–	–
Multikorn	–	–	–	2 %	–	–
Braugerste	–	–	–	8 %	–	–

Futtermischungen für Brieftauben von Matador

	Premium Zucht	Premium Mauser	Premium Winter	Super Schonkost	Flight Mauser	Flight Winter
Taubenweizen	9 %	14 %	6 %	11 %	21 %	21 %
Crispmais	–	11 %	10 %	–	20 %	25 %
franz. Rotmais	–	–	5 %	–	4 %	3 %
Erbsen (grün)	–	8 %	2 %	–	12 %	12 %
Erbsen (gelb)	–	7 %	–	–	12 %	12 %
Erbsen (grün, klein)	22 %	–	–	–	–	–
Maple Peas	–	2 %	–	–	1 %	–
Wicken	8 %	3 %	–	–	2 %	1 %
Milo	5 %	3 %	5 %	–	7 %	10 %
Dari	16 %	6 %	6 %	24 %	3 %	1 %
Kardisaat	5 %	5 %	1 %	19 %	2 %	–
Haferkerne	4 %	5 %	10 %*	4 %	–	–
Hanf	2 %	5 %	1 %	3 %	1 %	–
Hanf	1 %	1 %	1 %	2 %	1 %	1 %

	Premium Zucht	Premium Mauser	Premium Winter	Super Schonkost	Flight Mauser	Flight Winter
Sonnenblumen-kerne (gestreift)	–	–	6 %	–	1 %	–
Paddyreis	2 %	3 %	20 %	3 %	–	–
Buchweizen	–	–	–	4 %	–	–
Hirse (gelb)	1 %	1 %	–	–	1 %	–
Platahirse	–	–	–	5 %	–	–
Kanariensaat	1 %	2 %	1 %	5 %	–	–
Rohreis	2 %	–	–	4 %	–	–
Leinsaat	–	3 %	1 %	5 %	1 %	–
Raps	–	2 %	1 %	–	1 %	–
Sonnenblumen-kerne (schwarz)	–	2 %	–	–	2 %	–
Maranomais	10 %	9 %	–	–	–	–
Popcornmais	10 %	–	–	–	–	–
Sojabohnen (getoastet)	3 %	4 %	2 %	–	–	–
Katjang Idjoe	–	1 %	–	–	–	–
Braugerste	–	4 %	23 %	–	9 %	14 %
französisches Milo	–	–	–	13 %	–	–
Sämereien	–	–	–	–	–	1 %

* gestutzter Hafer

Spezialmischungen für Brieftauben von Matador – „Multikorn", das „Ganzjahresextrudat" (Angaben pro kg)

Vitamine und Provitamine	Mineralstoffe und Spurenelemente	Aminosäuren
2,3 mg Vitamin B_1	4500 mg Phosphor	10700 mg Leucin
1,2 mg Vitamin B_2	1500 mg Magnesium	5300 mg Lysin
3,4 mg Vitamin B_6	1120 mg Kalzium	5000 mg Methionin
11,8 mg Vitamin E	510 mg Natrium	4100 mg Threonin
0,5 mg Biotin	50 mg Eisen	2700 mg Cystin
13,3 mg Karotine	30 mg Mangan	1300 mg Tryptophan
13,3 mg Nikotinsäure	26 mg Zink	
2,3 mg Pantothensäure	9 mg Kupfer	
	1 mg Jod	

Sondermischungen für Brieftauben von Matador

	Spezial	Sämereienmischung
Crispmais	24 %	–
Erbsen (gelb)	22 %	–
Erbsen (grün)	8 %	–
Taubenweizen	28 %	–
französisches Milo	10 %	–
Dari	5 %	–
Sämereienmischung	2 %	–
Sonnenblumenkerne (gestreift)	1 %	2 %
Hirse (gelb)	–	35 %
Raps	–	14 %
Rübsen	–	10 %
Leinsaat	–	8 %
Sudan-Dari	–	7 %
Haferkerne	–	7 %
Rohreis	–	4 %
Kanariensaat	–	4 %
Kardisaat	–	4 %
Negersaat	–	2 %
Hanf	–	3 %

Zusammensetzung einiger Versuchsmischungen für Brieftauben (nach Goodman und Griminger, 1969)

	Versuch 2		Versuch 3		Versuch 4	
	Test 1	Test 2	Test 1	Test 2	Test 1	Test 2
Gelbkornmais	58,275 %	58,275 %	51,275 %	51,275 %	52,275 %	49,275 %
Weizen	18,0 %	18,0 %	20,0 %	20,0 %	16,0 %	20,0 %
Luzernemehl	5,0 %	5,0 %	10,0 %	10,0 %	4,0 %	5,0 %
Sojamehl (30 % RP)	11,0 %	11,0 %	10,0 %	10,0 %	12,0 %	12,0 %
Brennerei-abfälle	–	–	3,0 %	3,0 %	3,0 %	3,0 %
Fischmehl	–	–	3,0 %	3,0 %	5,0 %	5,0 %

	Versuch 2		Versuch 3		Versuch 4	
	Test 1	Test 2	Test 1	Test 2	Test 1	Test 2
Mineralstoff-mischung	2,5 %	2,5 %	2,5 %	2,5 %	2,5 %	2,5 %
Vitaminmi-schung	0,1 %	0,1 %	0,1 %	0,1 %	0,1 %	0,1 %
Cholin-Chlorid	0,1 %	0,1 %	0,1 % %	0,1	0,1 %	0,1 %
Santoquin	0,025 %	0,025 %	0,025 %	0,025 %	0,025 %	0,025 %
Glukose	5,0 %	–	5,0 %	–	5,0 %	–
Maisöl	–	5,0 %	–	5,0 %	–	5,0 %
Kalkulierte Analyse						
Fett	3,4 %	8,4 %	3,7 %	8,7 %	3,7 %	6,8 %
Protein	14,7 %	14,7 %	16,5 %	16,5 %	17,5 %	18,5 %
Rohfaser	4,2 %	4,2 %	4,4 %	4,4 %	3,9 %	4,4 %
metabol. Energie (Cal/kg)	–	–	–	–	2,9 %	2,924 %

Payk bietet für Brieftauben zwei Universalfutter an, die noch ergänzt und jeweils angepasst werden.

	Payk's Nr. 1	Payk's Nr. 2
Bruchmais	16 %	16 %
franz. Rotmais	8 %	–
Braugerste	18 %	–
Erbsen (grün)	5 %	7 %
Erbsen (gelb)	5 %	–
Taubenweizen	9 %	8 %
franz. Milo	9 %	5 %
Sudan-Dari	8 %	11 %
Kardisaat	8 %	9 %
Paddyreis	8 %	4 %
Sämereienmischung	6 %	6 %
Maranomais	–	8 %

	Payk's Nr. 1	Payk's Nr. 2
Wicken	–	7 %
Haferkerne	–	4 %
Hanf	–	3 %
Rohreis	–	3 %
Sojabohnen (getoastet)	–	3 %
Katjang-Bohnen	–	2 %
Sonnenblumenkerne (schwarz)	–	4 %

Futter von Ovator

Ovator L	für kleine und mittlere Rassen	Milo, Weizen, Wicken, Erbsen (grün und klein), Mais (klein), Gerste (geschält), Haferkerne, Dari, Erbsen (gelb), Kardisaat
Ovator KS	für Kurzschnäbler, ohne Mais	Weizen, Wicken, Erbsen (grün und klein), Gerste (geschält), Haferkerne, Dari, Kardisaat, Milo, Paddyreis
Pigmentperle	für Farbentauben, für alle Tauben mit dunklen Augenrändern	mit Vollwertkorn; keine weiteren Vitamine und Mineralien nötig. Vollwertkorn ZMR, Erbsenmischung, Milo, Weizen, Mais (klein), Topmais, Wicken, Kardisaat, Gerste (geschält), Haferkeime, Paddyreis, Dari, Buchweizen, Leinsamen
Schauperle	für Tauben mit hellem Augenrand	mit Vollwertkorn; keine weiteren Vitamine und Mineralien nötig. Vollwertkorn ZMR, Erbsenmischung,Weizen, Hirse, Kardisaat, Dari, Gerste (geschält), Haferkeime, Wicken, Paddyreis, Hanfsaat, Sojabohnen
Zucht- und Mauserperle	für schwere Rassen	mit Vollwertkorn; keine weiteren Vitamine und Mineralien nötig. Vollwertkorn, Milo, Dari, Weizen, Gerste, Erbsen (klein), Sojabohnen, Maismischung, Rapssaat, Wicken, Hanfsaat, Sonnenblumenkerne
King	für schwere Rassen, ohne Mais	mit Vollwertkorn; keine weiteren Vitamine und Mineralien nötig. Vollwertkorn, Erbsenmischung, Milo, Weizen, Dari, Haferkerne, Sonnenblumenkerne, Kardisaat, Gerste, Wicken, Sojabohnen, Paddyreis
King Giant	für alle schweren Rassen, mit Mais	Erbsenmischung, Weizen, Milo, Dari, Gerste (geschält), Wicken, Haferkerne, Sojabohnen, Sonnenblumenkerne, Kardisaat, Rotmais

Kröpfer spezial	leicht verdaulich, kleinkörnig	Weizen, Erbsenmischung, Milo, Dari, Gerste (geschält), Mais, Haferkerne, Wicken, Kardisaat, Sonnenblumenkerne, Hanfsaat, Hirse, Rohmais, Sesamsaat
Raceperle spezial	ohne Mais	mit Vollwertkorn; keine weiteren Vitamine und Mineralien nötig. Weizen, Dari, Gerste (geschält), Sämereien, Erbsen (klein), Vollwertkorn ZMR, Haferkerne, Wicken, Hirse, Kardisaat, Sojabohnen, Buchweizen
Wiegleber Zuchtperle	Spezialmischung für Farbentauben	Topmais, Milo, Erbsen, Dari, Weizen, Gerste, Sojabohnen, Wicken, Sonnenblumenkerne, Hirse, Rapssaat, Leinsamen, Hanfsaat, Kardisaat
Taubenpellets	Zucht und Mast, definiertes Futter, bei dem ein „Korn" wie das andere ist	Wertbestimmende Bestandteile: MJME/kg 11,6 Rohprotein 17,5 % Rohfett 8,0 % Methionin 0,49 %
Regiostar	mit Mais	Milo, Weizen, Erbsen (klein, grün), Mais (klein), Dari, Gerste, Haferkerne, Wicken, Sonnenblumenkerne
Rasse Allzeit		kleinkörnige Mischung mit Mais (gebrochen), Milo/Dari, Weizen, Mais (gebrochen), Erbsen (klein), Gerste (gestutzt), Wicken, Platahirse
Vollwertkorn ZMR		Ergänzungsfutter für Zucht, Mauser, Ruhe, ummanteltes – pilliertes – Getreidekorn MJME/kg 11,0 Rohprotein 14,5 % Rohfett 3,5% Lysin 0,95 % Methionin und Cysti 0,80 %
Reise – Power-Pro		Enthält Carnitin und Lecithin sowie weitere Elemente Rohprotein 31,1 % Rohfett 4,3 % Lysin 3,0 % Threonin 0,4 % Methionin 0,3 % Cystin 0,2 %
Jungtauben Vital		Stärkung von Energie und Abwehrkraft Rohprotein 38,2 % Rohfett 4,32 % Rohasche 3,18 % Phosphor 0,56 % Natrium 0,28 % Kalzium 0,61 %

Fütterungsempfehlung von Betz mit Nutzung von Futtergetreide

50 % Vital 6 Milo / Perlmais
+ 30 % Weizen
+ 20 % Gerste
oder
50 % Vital 6 Dari
+ 30 % Weizen
+ 20 % Gerste = 100 % Zucht-, Jungtier- und Mauserfutter

30 % Vital 6 Milo/Perlmais
+ 50 % Gerste
+ 20 % Weizen
oder
30 % Vital 6 Dari
+ 50 % Gerste
+ 20 % Weizen = 100 % Zucht-, Jungtier- und Mauserfutter

Betz: VDT-Vital-Korn
Zusammensetzung: Mais, Weizen, Hafer, Melasseschnitzel, Sojaextraktionsschrot, Hefe (extrahiert), Öle und Fette, Aminosäurenvormischung, Volleipulver mit Lecithin, Vitaminvormischung
Inhaltsstoffe: 12 % Rohprotein, 4 % Rohfett, 5 % Rohfaser und 3 % Rohasche
Zusatzstoffe: Vitamin A, B_1, B_2, B_6, B_{12}, C, D_2, E, Niacin, Pantothenat, Biotin, Kalk, Phosphor, Zink, Kupfer, Jod, Mangan, Eisen, Methionin, Lysin, Cystin

Literaturverzeichnis

Aggrey, S. E. und K. M. Cheng (1993): **Genetic and posthatch parental influence on growth in pigeon Squabs.** J. Heredity 84, S. 184–187.

Böttcher, J.; Wegner, Rose-Marie; Petersen J. und Martina Gerken (1985): **Untersuchungen zur Reproduktions-, Mast- und Schlachtleistung von Masttauben.2. Mitteilung: Einfluss des Rohproteingehaltes im Futter und des Schlachtkörpers der Jungtauben.** Arch. Geflügelk. 49, 63–72.

Damme, K. (2004): **Tauben sind sich selbst der beste Ernährungsberater.** DGS Magazin, H. 10, S. 44–46.

Engelmann, C. H. (1956): **Versuche über die Futterwahl der Tauben.** Arch. Geflügelz. Kleintierkde 5,S. 39–49.

Engelmann, C. H. (1958): **Weitere Versuche über die Futterwahl der Tauben. Über die Beteiligung des Gesichtssinnes.** Arch. Geflügelz. Kleintierkde 7, S. 90–95.

Engelmann, C. H. (1961): **So leben Hühner, Tauben, Gänse.** Neumann Verlag, Radebeul.

Engelmann, C. H. (1962): **Ernährung und Fütterung des Geflügels.** Neumann Verlag, Radebeul.

Engelmann, C. H. (1964): **Versuche mit Rohr- und Traubenzuckerlösungen an Tauben.** Arch. Geflügelz. Kleintierkde 13, S. 193–205.

Engelmann, C. H. (1980): **Fütterung in: Die Taube von C. Vogel.** VEB Deutscher Landwirtschaftsverlag, Berlin.

Engelmann, C. H. (1983): **Leben und Verhalten unseres Hausgeflügels.** Neumann Verlag, Leipzig – Radebeul.

Golze, M. (2001): **Die Erzeugung von Schlachttauben.** Infodienst Sachsen, Tierproduktion, Nr. 9.

Goodman, H. M. und P. Griminger (1969): **Effect of dietary energy source on rasing performance in the pigeon.** Poultry Sci. 48,S.2058–2063.

Griminger, P. (1970): **Nutrition in pigeons.** Pigeon disease and management conference, S. 60–65.

Griminger, P. und J. L. Gamarsh (1972): **Body composition of pigeons.** Poultry Sci. 51, S. 1461–1465.

Hennig, A. (1972): **Mineralstoffe, Vitamine, Ergotropika.** VEB Dt. Landwirtschaftsverlag, Berlin.

Hartmann, M. (1986): **Das Taubenbuch.** VEB Dt. Landwirtschaftsverlag, Berlin.

Horn, P. und I. Melag (2000): **Inbreeding effects on production traits in pigeons.** Arch. Geflügelk. 64, S. 273–277.

Hoffmann, H. (1987): **Das Taubenbuch.** S. Fischer Verlag GmbH, Frankfurt am Main.

Hullar, I.(1999): **Studies on the energy content of seeds.** Poultry Sci. 78, S. 1757–1762.

Janssens, G. P. J., Myriam Hesta and R. O. De Wilde (2000): **The effect of carnitine on body weight, body composition and nutrient intake in adult pigeons (Columba livia domestica).** Arch. Geflügelk. 64,S.29–33.

Jeroch, H. und G. Flachowski (1972): **Geflügelernährung.** VEB Gustav Fischer Verlag, Jena.

Jeroch, H., Drochner, W. und O. Simon (1999): **Ernährung landwirtschaftlicher Nutztiere.** UTB, Verlag Ulmer, Stuttgart.

Jeroch, H., Flachowski, G. und F. Weissbach (1993): **Futtermittelkunde.** G. Fischer Verlag, Jena und Stuttgart.

Juhre, F. (1950): **Die Wirtschaftstaubenzucht.** 2. Auflage. Deutscher Bauernverlag, Berlin.

Kirchgessner, M. (2004): **Tierernährung.** 11. Auflage. DLG Verlags GmbH, Frankfurt/Main.

Leash, A. M.; Liebman, J.; Taylor, Anne und Rose Limbert (1971): **An analysis of the crop contents of white carneaux pigeons (Columba livia), days one through twenty seven.** Lab. Animal Sci. 21, S. 86–90.

Mackrott; H. (2000): **Tauben züchten.** Ulmer Verlag, Stuttgart.

Marks, H. (1971): **Unsere Haustauben.**
Die neue Brehmbücherei, Wittenberg.

Melag, I. und P. Horn (1998): **Genetic and phenotypic correlations between growth and reproductive traits in meat type pigeons.** Arch. Geflügelk. 62, S. 86–88.

Müller, E. (Herausgeber): **Alles über Rassetauben** (in 6 Bänden). Verlag Oertel+Spörer, Reutlingen.

Nehring, K. (1960): **Lehrbuch der Tierernährung und Futtermittelkunde**. 7. Auflage. Neumann Verlag, Radebeul und Berlin.

Römer, R. (1952): **Das Was und Wie beim Federvieh.**
Neumann Verlag, Radebeul und Berlin.

Sales, J. und G. P. J. Janssens (2003): **Nutrition of the domestic pigeon (Columba livia domestica).**
World's Poultry Science J. 59, S. 221–232.

Schacht, W. und F. Juhre (1954): **Das Geflügelbuch.**
Deutscher Bauernverlag, Berlin.

Schille, H. J. (2008): **Lexikon der Tauben.**
Komet Verlag, Köln.

Schütte, J. (1971): **Handbuch der Tauben rassen.**
Neumann Verlag, Radebeul.

Silver, R. (1984): **Prolaktin and parenting in the pigeon family.**
J. Exptl. Zool. 232, S. 617–627.

Meyer, F. und F.-W. Melcher (1983): **Zum Fettsäuremuster der Kropfmilch und des Depotfettes von Haustauben.**
Berl. Münch. Tierärztl. W.schr. 96, S. 23–28.

Vogel, K. (1980): **Die Taube: Biologie, Haltung, Fütterung.**
VEB Deutscher Landwirtschaftsverlag, Berlin

Ward, G. E. und A. Cryer (1981): **The establishment and maintenance of a colony of White Carneau pigeons.**
J. Inst. Animal Techn. 32, S. 71–76.

Werz, L. (1986): **Besser züchten und reisen.**
Linden Verlag, Hamm.

Register